人格

修订版

一生一剧本

朱建军 著

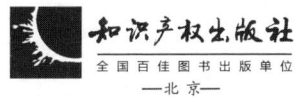

知识产权出版社
全国百佳图书出版单位
—北京—

图书在版编目（CIP）数据

人格：一生一剧本 / 朱建军著 . —修订本 . —北京：知识产权出版社，2022.2（2024.9重印）

ISBN 978-7-5130-8028-6

Ⅰ. ①人… Ⅱ. ①朱… Ⅲ. ①人格—通俗读物 Ⅳ. ① B825

中国版本图书馆 CIP 数据核字（2022）第 006014 号

责任编辑：刘　爽　　　　　　　责任校对：谷　洋
封面设计：黄慧君　　　　　　　责任印制：刘译文

人格：一生一剧本（修订版）

朱建军　著

出版发行：知识产权出版社有限责任公司	网　　址：http://www.ipph.cn
社　　址：北京市海淀区气象路 50 号院	邮　　编：100081
责编电话：010-82000860 转 8125	责编邮箱：13810090880@139.com
发行电话：010-82000860 转 8101/8102	发行传真：010-82000893/82005070/82000270
印　　刷：天津嘉恒印务有限公司	经　　销：新华书店、各大网上书店及相关专业书店
开　　本：880mm×1230mm　1/32	印　　张：6.75
版　　次：2022 年 2 月第 1 版	印　　次：2024 年 9 月第 2 次印刷
字　　数：138 千字	定　　价：49.00 元
ISBN 978-7-5130-8028-6	

出版权专有　侵权必究
如有印装质量问题，本社负责调换。

序　言

所谓人格，是人的意志和环境相互作用的产物，是一种精神世界的存在。

人的意志各不相同，在不同生命阶段中的境遇也都不同。境遇对人的影响不是固定的，不同的人对境遇的反应不同，人的自由意志在每一次对境遇的反应中都会做出不同的选择，带来不同的后果。同样的境遇，对一个幼儿和一个成年人的影响也不同。自我意识的清晰程度不同，不同的人对自己的观察和认知的方式和程度也都不同。这就形成了人与人之间的千差万别。但是在这种种不同的背后，有着一些共同的规律。本书所试图探索和表达的，就是人格形成、发展的这种规律。

限于篇幅，本书对人格的讨论并没有充分地展开，只是把思考的框架描绘了出来。本书没有足够多生动的事例来便于读者的理解，也没有引用有关的心理学研究文献来满足心理学同行们对研究形式的爱好。对此，作者表示歉意。

聊以自慰的是，本书的思考是认真且深入的，我想这样的思考对大家会有一定的启发：有心的读者，可以自行脑补出很多例子来佐证这里的论述；心理学同行一定会发现有很多研究成果是和这本书的理论框架相互协调的。

胎内生活

"核心存在"与"自我意志"……………………………… 003
原型 ……………………………………………………… 008
胎内环境 ………………………………………………… 012
胎儿的"感应" …………………………………………… 018
胎内的原型激发 ………………………………………… 019
胎儿影响母亲 …………………………………………… 025
胎儿的自我选择 ………………………………………… 029
无可改变的"原始印刻" ………………………………… 032
"存在感"与"存在" ……………………………………… 033

出　生

出生印刻 ………………………………………………… 039
对死亡的恐惧与向往 …………………………………… 040
"无条件的爱"的丧失 …………………………………… 042

"我与世界的关系"的早期基本印刻…………………… 046
魔鬼原型的激发…………………………………………… 052
死神原型…………………………………………………… 055
英雄原型与赤子原型……………………………………… 057
上帝原型、道原型………………………………………… 077
出生认知烙印……………………………………………… 082
与外部世界的第一次互动………………………………… 087

早期生活（约3岁前）

早期印刻…………………………………………………… 097
最初的符号化……………………………………………… 102
自我存在感………………………………………………… 114
"非我"……………………………………………………… 122
人生的基本脚本…………………………………………… 125
早期生活中的一些原型…………………………………… 129

原始儿童期（约3~6岁）

意象的产生………………………………………………… 135
概括化……………………………………………………… 138
意象的关系………………………………………………… 141
故事：时空中的意象关系………………………………… 143
自我意象…………………………………………………… 146
人生脚本故事……………………………………………… 152

学龄期（约6~12岁）

逻辑思维…………………………………………………… 157

现实化……158
自我……160

青春期

人格定型……163
性别认同……165
人生规划……166

未来的人格发展

成年后的现实化……171
恋爱、做父母的影响……175
死亡……178
解放之路……180

人格分类

内倾和外倾……186
自恋型人格……188
边缘型人格……191
反社会人格……194
抑郁型人格……196
强迫型人格……198
癔症型或表演型人格……199
分裂型人格……200
偏执型人格……202
冲动型人格……203
人格崩溃的反应……204

胎内生活

"核心存在"与"自我意志"

我们的理论从这个命题开始：人的核心存在有意识以及自我意志。

一个人在人生的第一刻就有意识和自我意志，在死亡前的最后一刻也还有，一生中每个时刻，人的核心存在都有意识和自我意志。

其实我们没有办法"证明"这个命题。或者说，我们没有办法向那些不相信这一点，也不愿意相信这一点的人证明这个命题。所谓证明，是一系列逻辑思维活动，是运用逻辑思维工具，从前提不容置辩地推导到结论。就像所有的思辨活动一样，只有那些持有共同的前提，并且也运用同样逻辑（比如我们都接受亚里士多德的形式逻辑或近代西方哲学的数理逻辑等）的学者们，才能够就一个问题得出一致的结论。而我们所能给出的前提本身，是不能够被证明的。如果要证明这个前提，那我们就需要给出一个更基本的前提，然后用逻辑证明：这个更基本的前提可以合理地推演出一个结论。而这个更基本的前提又如何证明呢？显然我们需要一个"更更基本的"前提……最后我们必须到达一个关于世界和生命，关于一切的总的前提，而这个前提是不需要证明的，而且我们希望它是所有人都能够接受的"第一公理"。不幸的是，人类从来没有能在这个"第一公理"上获得共识。比如说，宇宙的起源,是源于一种非个人化的宇宙意识,还是源于完全没有意识的物质?如果是后者,那么意识又是如何出现的?动物有意识吗?如果不是所有动物都有意识,那么是从哪里开始有了意识?对这些问题,目前并没有共识。既然如此,我们只能退而求其次,从一个尽可能接近源头的地方,从某一个命题开始,作为我们后续讨论的基点。

为什么我们不把本书中的这个基本命题称作"假设"?这是因为,"假设"是需要用后面的证明或者证伪来给出一个结论的。"假设"隐含的意思是,它是一个有待证明或证伪的命题,不能被证明或证伪的命题就不能叫"假设"。

命题中所谓的"人的核心存在",指的是在一生的第一刻,也就是刚刚形成受精卵的一刻,那个时候的那个人的心灵。我当然知道,有很多心理学家不相信受精卵或胚胎有心灵,他们认为胚胎只是一团组织。正如我们刚刚说过的,在这一点上我也并没有办法说服他们,这只是我所采择的一个前提,我相信这一点是因为这样的命题能够使我们的整个理论完整而内部和谐,而经验也让我愿意相信这个命题是正确的。

或者可以换一个角度:我们看一个成年人,他有自己的人格结构,有的人人格结构完整,有的人则差一些。我们知道这个人格结构是在他的生命进程中逐步形成的,而我们所说的"人的核心存在"就是后天所形成的整个人格结构都还没有建立之前的人的存在。

我认为一个人的核心存在是有意识的，如果丝毫没有意识存在，就不能说是一个心灵。因此，我们定义人的核心存在是一个心灵，我们说人的核心存在是有意识的，这同时也在说，有意识的那个主体被我们称为人的核心存在。这两句话说的是一个命题而不是两个。

不过，这和大多数人的日常经验似乎相矛盾，因为大多数人不记得自己在胚胎阶段一开始就有意识。对此，我们要做一点说明：心理学界普遍认为，人的意识存在不同的水平或强度。对于低水平的意识或者说很弱的意识，我们可能不大了解其存在。如果我们把意识比作光，很微弱的光也是存在的，但是我们未必能觉察到。在弗洛伊德之前，我们很难理解，有些意识是我们很难觉察到的意识。说我们觉察不到的意识存在似乎是一个言语的悖论，但是弗洛伊德之后的我们对此已经可以理解了。比如"潜意识"和"前意识"虽然很难被个体觉察，但它们依然是一种存在着的意识。我们相信，在胚胎刚刚形成时，人的核心存在或者说人（这是人的最早的形态）也是有意识的，但是此意识很微弱——也许因为其微弱，我们对其觉察很少甚至没有。另外，也许当时那个意识虽然微弱，也还是能觉察到的，只是我们那时还没有发展记忆能力，几乎完全忘记了那段生活。这一点比较容易理解：我们观察那些两三岁的儿童时，丝毫不会怀疑他们是有意识的，但是他们成年之后几乎完全记不起两三岁时的事情，这只是记忆不足，而不是因为当时的他们没有意识。

有些心理学理论认为，有了某种程度的信息加工才能有意识，受精卵或早期胚胎是没有这个能力的，所以他们不可能有意识。不过，在我看来，意识并非信息加工的结构，而是一种更基本的、先在的存在。我们可以有一种无信息加工的意识，通过瑜伽或者道家、佛家的一些训练，可以在成年后体会到这样的意识的确是存在着的。所以，我们的理论认为，人在胚胎阶段早期（从受精卵开始）就有意识是可能的。

作为一个有意识的存在，人也是有自我意志的。所谓的自我意志，是指可以被环境因素影响但不能被环境因素决定的意志，它是主体的一个心愿或一个选择——"我愿意……"。如果我们说，一个孩子有严重的俄狄浦斯情结，只是他童年时的家庭环境所致，那么我们所说的就不是他自主的自由意志，不是他的自我意志；如果我们说，一个人形成反社会人格，只是因为他的家庭环境不良，学校环境不良，那么我们所说的也不是自我意志；如果我们说，一个人放纵情欲只是因为他荷尔蒙水平与众不同，这也不是自我意志。自我意志所说的是，在环境影响因素对我们起作用时，我们不是被动地被这些因素推向某个方向，我们自己还有一种决定自己做什么和不做什么的选择能力——它是"我愿意……"。外在环境和内在环境是条件，在这样一种条件存在的情况下，一个人可以选择这样做或那样做。比如，我的睾丸酮水平比别人高，我并不因此"必定"要有更多的性伴侣。我其实至少有两个选择，一是找更多的性伴侣，让我的性冲动得到更多的释放，从而获得舒适感，并承担一些后果。或者，我可以选择耐受性冲动不完全满足的紧张感，获得另一种社会后果。这个选择就是自我意志。

如果我们推究说，某个人说"我愿意嫁给某某，是因为某某有钱、帅、对我好"，这并不是说这个选择是由钱、帅或对她好等原因所决定的，而是说，她有一个自我意志，这个自我意志决定要选择有这样一些特质的男人。正是这个意志才能体现出"我"之所以为"我"而不是其他任何人的独特性。在同样的环境下，在同样的影响因素下，在同样的本能驱力下，不同的人的精神存在仍然会使得个体做出不同的选择，这就是他们的自我意志的体现。每个人都是独特的，正是因为每个人有自己的意志，会做出自己的选择：同在一个不良的社会环境中长大的人，有的人同流合污，有的人成为社会改革者，这往往是不同的人一次次不同选择积累后的结果。

从受精卵开始直到出生，其间人在对各种影响因素有意识的情况下，一次次做出自我选择，从而形成他独特的现实存在。从一开始，人就是靠自我选择来进行自我塑造，当然，这个过程中有种种因素影响到他的自我选择和自我塑造，但是人并非被动地被这些因素所塑造，而是在这些因素的限制和约束下进行自我塑造。

原 型

我们将成为什么样的人,影响因素之一是荣格心理学中称为原型的那些古老的心理组织。

我们的躯体有其遗传的结构,受精卵分裂之后,不会形成一团无结构的细胞,而是形成不同的躯体组织乃至器官。有些细胞聚合起来形成皮肤的组织、骨骼的组织、内脏的组织……这些组织再构成不同的骨骼以及心脏、肝脏等各种器官。同样,我们的精神之"躯体"也有其"遗传"(先天的精神结构)的组织和器官,这些组织和器官就是荣格所说的"原型"。

就我所见,人有很多种原型,每一种都代表着一种先天的范式,用以组织我们的认知模式和我们对世界作反应的模式。原型本身是"无形的",只是一种倾向,不过在成长过程中逐渐获得具体形态后就会成为"原始意象"。比如,在无形的智者原型基础上会有有形的"智者"原始意象——这个意象使我们不懈地去领会、理解这个世界,孜孜不倦地探索。这个意象把世界看作一个大的奥秘,对这个奥秘充满好奇,尽力去寻找揭开这个奥秘的关键,找寻打开奥秘之门的金钥匙,期待着破解奥秘时的惊喜。这个意象也喜欢破解奥秘之后的那种从容的、心胸开阔的状态,并愿意启发其他人,引领他们走向奥秘之门。智者原型预存了种种形态的心理能量,最主要的是智慧的力量,同时也有真理之爱的力量，探索未知的勇气等其他形态的能量。我们的躯体有大脑，用于组织智力活动，而智者原型就是我们精神的"大脑组织"。其他原型有其他看世界的先天范式，比如，"英雄"原型把世界看作充满艰险的路途，需要勇敢战胜才能通过；"母亲"原型把世界看作一片土地，孩子们就像是地里的小苗，需要慈爱、耐心地养育……由于先天内在的重要特质资源不同，这些不同的原型对世界的反应也不同。比如，智者遇到事情会首先去破解秘密，英雄遇到事情会想要去战斗，母亲遇到事情会想到去保护。

各种原型先天预存的这些重要特质和精神资源，是对我们出生后在这个世界终将遇到的种种事物的先天预存的应对，和我们所处的世界有一种"先在的和谐"。对此，我们依然可以用躯体器官的各类功能和外部世界的关系来比喻：我们长出"肺"是对出生后世界中的"空气"所预存的应对，因此，出生后遇到了空气，我们的肺刚好适应空气的存在——我们的肺所适合的气压大小，刚好是大约一个大气压，而不是半个大气压、两个大气压或者五个大气压；我们的肺刚好适应有氧气存在的，又几乎没有氯气存在的大气。这就是我们身心的内在组织和外部世界之间先在的和谐。同样，我们的"精神组织"（原型）也刚好适合我们将会处于其中的心理环境——在这个环境中，既有爱我们的父母，也有威胁我们的敌人，等等。由于有这些先天精神资源的预存，我们降生到了这个世界后，就可以用这些原型及其意象化的产物（原始意象）来帮助我们应对。世界上有危险，我们有英雄在；世界上有奥秘，我们有智者在；世界上有亲情，我们有母亲在……

在不同的人身上，原型的基本特点并无差异。这就好像每个人的心脏都在身体左侧，都有两个心房、两个心室，都有瓣膜；每个人的眼睛都有房水，都有角膜，都有瞳孔，都有视网膜——在器官的组织结构上，人人都相同（先天病态或后天病变除外）。原型的先天精神组织结构也一样：比如，每个人的英雄原型都勇敢，都自信，都对弱者有呵护的愿望，都容易产生豪迈的感情，也都有点厌倦无聊的生活……从这个意义上说，原型是"集体性的"，就像人的身体基本构造是"集体性的"一样。

不过，所有的正常人所共有的同质的"器官结构"，在个体身上有先天的、量上的微细差异。比如，虽然每个人的眼睛都有一样的结构，但经过不同的父母遗传，有的人的眼睛就比较大一点，有的人的就小一点；有的是双眼皮，有的是单眼皮；有人的眼睛在黑暗中的适应能力强一点儿，有人的眼睛在黑暗中的适应能力弱一点儿……再如，每个人先天都有对音乐的感受力，但是每个人的"音乐细胞"是有个体差异的——从这个意义上说，每个人都有审美、模仿力、领悟力、创造力等各种相同品质的精神天赋，但在量上又是不同的，有个体差异的。或许，这也可以从一个角度来解释为什么每个人的天赋是不同，为什么有的人在某一方面成了"天才"。

简而言之，虽然每个人身上都具备其他人所具有的原型，每个人都有潜质成为和任何其他人一样的人，但精神潜质在配比上的差异使得每个人依然是独一无二的。也就是说，每个人身上的各个原型的强弱、各个原型内在特质的配比依然是有个体差异的。就像人的指纹一样，每个人的指纹都可以归属于某一类型，而同时，每个人的指纹却都是这个世界上独一无二的。而原型，就像"精神指纹"一样，就是一个人先天的精神特点存在的基础。也许有的人先天英雄原型的强度就比较大，那么他成为英雄的可能性也就比较大，虽然最后如何发展、成长受到太多因素的影响，未必都能展现其先天的潜在特点。原型的先天差异，是影响每个人未来人格的一个重要因素。

如果某个人身上某个原型的潜质非常弱，以至于很难激发出这个原型，本书会近似地用"他没有这个原型"来描述，这句话并不意味着他"绝对地"没有这个原型。

我们人类的躯体器官是相同的，不过，躯体方面会有一种情况，那就是也许某个家族会有独有的遗传特点或遗传疾病。精神方面也有同样的情况，因此除了原型之外，我们怀疑还有一个影响因素存在，那就是家族中独有的心理特征。我们能观察到某些家族有其独特的心理特征，在这种特征上和别的家族的人不仅有量的差异，甚至有质的不同。

比如，每个人都有五根手指，这可以类比于精神遗传中的原型，但是有的家族的人可能出现六指的概率更高，这就是家族的特定遗传了,可以类比于家族独有的心理特征。

是不是真的有这样的精神遗传,很遗憾,目前并没有充分的证据,但是我们观察到了这样的现象,不把我们的观察说出来是不诚实的,所以我们只是说我们看到了这样的现象。

胎内环境

还有一个影响因素是确定存在的,那就是母亲所提供的胎内环境。

胎儿生存在子宫中,通过和母体的连接获得营养,也通过和母体的连接排泄废物。胎内环境的好坏,取决于母亲的心理、生理状态。

母亲的情绪状态会影响到她的内分泌,从而改变血液中的激素水平。母亲的愤怒会激发去甲肾上腺素的分泌,增加血液中去甲肾上腺素水平。通过脐带,这些富含去甲肾上腺素的血液流经胎儿,给胎儿带来和母亲一样的感受——虽然胎儿并不知道这叫愤怒。母亲抑郁的时候,内分泌的变化也会通过血液中激素水平的变化影响到胎儿。不仅仅是情绪,母亲的其他状态也会影响内分泌,比如母亲有性唤起时,她的性激素水平增加,也通过血液流到胎儿身体中,从而带给胎儿一种体验,虽然胎儿不知道这个体验的意义。母亲每个时刻的心理状态,都会马上反映在她的血液中,随时影响着胎内的环境。

除了通过血液之外，子宫的温度、脐带的位置、羊水的清洁度、母亲的语音语调、母亲的行动等，都构成了胎儿的胎内环境。

在胎儿的眼睛形成之后，他有了视觉，不过胎内并没有多少值得看的东西，只有隐隐约约透过母亲肚皮的光，以及光透过肌肤带来的淡淡的粉红色。儿童用品制造者都知道，儿童更偏爱粉红色——这种偏爱也许就是源于对胎内环境的记忆。如果母亲的血液循环较差，这种光的颜色会偏紫色。我们可以假设，更喜欢紫色而不是粉红色的儿童，他们的母亲在孕期的身心状态相对要差一点，有紫色偏好的儿童的性格也会更忧郁一点。儿童喜欢把手捂在打开的手电筒上，看光线把手照成粉红色，这可能也是因为唤醒了胎内熟悉的记忆。

胎儿的耳朵形成后，他有了听的能力。我们有理由相信，母亲所发出的声音，以及透过母体传来的声音，胎儿都能听到，这构成了他的听觉环境。母亲的心跳声给胎儿的影响最深刻，这可以解释为什么节奏跟心率类似的音乐，会让大多数成年人感到平静和愉悦。这音乐唤起了人们对胎儿期母亲心跳的记忆，从而唤醒了对胎儿期生活的情感记忆。

有很多轶事性报告指出，母亲怀孕期间经常听某个曲子，她的孩子出生后对这个曲子表现出了明显的偏好。音乐本身会激发情绪，母亲听什么曲子，可能会影响到胎儿的情绪，成为胎儿人生最早期的经历，影响到他的人格发展。

我们有理由相信，母亲和别人说话的声音，会透过母亲的肌肤传到体内被胎儿听到，这些声音也会对胎儿有影响。如果母亲常常对肚子里的孩子用温柔并充满爱心的语气说话，语调中透出喜悦，胎儿可以听到并产生舒适感受。如果母亲和其他人说话时，语调中透出喜悦、快乐、幸福，胎儿也可能听到并产生舒适感受。同样，如果母亲说话的语调是仇恨的、愤怒的、忧郁的或者烦躁的，胎儿也可能听到并产生相应的感受。胎儿在羊水中生活，听到的声音是透过液体的，这使得他听到的语调有一种特殊的品质，比较"虚"——比喻一下，我们可以把一张照片"加柔化效果"，隔着水听到的声音就好像声音被"柔化"了。胎儿出生后，父母在安抚婴儿，哄他们睡觉的时候，用的那种催眠性的语调，就是在模仿这种隔着水听到的声音。我们看鬼片时，听到鬼说话的声音也是比较虚的，这是因为"鬼话"就像我们在胎内听到人们愤怒、悲伤、恐惧等消极情绪出现时的话语声音。

除了通过血液交换、接触、看和听这样一些途径，心理咨询经验也让我相信胎儿能通过感应直接感受母亲的心理状态。胎儿和母亲在心理上是一体的，因此母亲的任何心理活动和感受，胎儿都可以直接感受到。他们不会懂得这是什么，甚至也不知道这是母亲的还是自己的，他们只是单纯地被这些所浸染并受其影响。

母亲作为营养提供者能否给予足够的营养，这对胎儿至关重要。营养缺乏使胎儿生理成长受到影响的同时，心理上也有匮乏的感觉。母亲提供的营养为什么会不够呢？也许母亲下意识愿意给更多，但是母亲的身体中没有那么多的营养可以给出；也许母亲在心理上对胎儿不喜欢、不接纳，所以下意识不愿意给出那么多。这两种情况下，母亲的心态是不同的，情绪状态也是不同的。我们相信胎儿能够感受到母亲的情绪，母亲情绪不同时，血液中的各种激素水平不同，通过流经胎儿的血液带给胎儿不同的感受。营养不够，如果仅仅是因为母亲的身体中也短缺，那对胎儿来说，是个"自然资源"问题；如果是母亲不愿意给出，那就是母子关系问题了。

胎儿能感受到胎内环境的状态及其每时每刻的变化，这构成了他胎内生活期间的环境背景。有一个问题我们还没有找到明确的答案：对胎内环境，胎儿的主观体验是什么样子的呢？

和出生后相比，我们会认为胎儿几乎没有感官输入经验：味觉，能品尝的只有羊水；视觉，能看到的只是些模糊的光感；听觉，能听的稍许多一点，但也很有限。因为什么都没有真正"见过"，记忆中也没有储存。更重要的是，胎儿没有逻辑思维，没有形象思维，也没有出生后儿童的那种感觉运动思维，这三种符号化的系统都不存在。考虑到这些，合理的推论是，胎儿只能有无形态的、无以言表的感受。当胎内环境不好的时候，感受是不舒服的，但是胎儿并没有"不好"这样一个概念，也并没有一个"丑陋"的意象，他只有一种混沌的感受——他以后如果能回忆起来，会把这个感觉叫作不舒服，但对当时的他来说也只是感受着而已。

是不是这样呢？

在心理咨询过程中，我们可以让一个成年人的心理退行，当退行到胎儿期的时候，他会有一些对胎儿期的回忆，这是一个验证的途径。另外，我们可以询问一些由于精神疾病而曾经不自主地退行到那个时期的人（比如康复后的精神分裂症患者），用他们的经验做对照。根据这些，我们可以发现很多证据能支持我们刚才的推论。比如，精神分裂症患者时常有一种弥散的恐惧，有时无论现实中还是脑海里都没有出现什么可怕的事物、意象或概念，他们不知道自己怕的是什么，但就是很害怕。这种害怕就很可能和胎儿感到害怕时的感受是一样的，没有什么具体形象而只是一种恐怖氛围，他们害怕但是不知道这种感觉叫"害怕"。在主动体验人的潜意识形态的过程中，我也曾经诱发自己进入这样的状态，个人感觉上，那种心理经验很像（回忆中）胎儿时的主观感觉。此外，我也了解到有其他主动或被动退行到胎儿期的人，也有过这样的感觉。

不过，在研究过程中，我们发现更多的情况是，胎儿期的心理体验会以意象的形态出现。例如，我们的研究小组中，有一位研究者在退行到早期状态时，在意象中看到自己被一条蛇缠绕，几乎窒息；一位研究者在退行到早期状态时看到自己奋力抓住一条绳子却被绳子缠住。经过与父母核实，这两个人都经历过出生时脐带绕颈。我们在研究中还发现，胎儿期母亲情绪不良，孩子长大后退行并回顾自己的胎儿期时，在意象中经常会看到和胎儿的宫内环境相对应的"不良生存环境"意象，诸如"我在一个封闭的房间里出不去，有一个水管不断向我房子里注入黑色的毒水""我被毒蛇环绕""屋外有很多鬼在吼叫",等等。实际上"房间"就是子宫的象征,而那些"毒水"就是母亲消极情绪下激素分泌失调之后的血液的象征。

这种现象产生的机理很可能是:回顾胎儿期时,我们能够回忆起那些无形的感受,然后我们的形象思维系统把后天认识的形象赋予它们——显然在胎儿时期,我们不可能产生"水管"这样的意象,因为我们还从来没有见过这个东西呢。回顾胎儿期的感受时,我们已经很习惯了运用形象思维,所以我们用意象来表达这种本身无形的感受,从而在回顾时创造了那些意象。因此说,我们退行到胎儿期时出现的种种意象,只是我们在用后来的认知方式去理解胎儿期的心理经验。

不过,是不是有些意象,比如蛇,不需要后天看到过,由于某种我们现在还没有发现的"遗传",能够先天就储存在人的记忆中?也就是说,一个胎儿是不是在主观世界中,能在某种情况下,隐隐约约"看到"某种长条形、能扭动而且有些令人恐惧的形象?这种假设似乎荒诞不经,但我们目前没有任何证据能证明不是这样,因此未必可以完全排除。如果人有这些具象的、先天的记忆,那么在胎儿期,我们主观世界就能够看到一些也许很模糊的意象。

胎儿的"感应"

除了精神遗传和母体环境之外,我们确信还有一种影响胎儿的因素,那就是胎儿对母亲以及其他人的"感应"。

在我们的理论体系中,"感应"指的是人与人之间不通过感觉器官媒介,直接感受到对方的感受,是一种非符号化的、直接的"知"。我们认为胎儿没有思维、没有逻辑,甚至感觉器官活动很少,由于没有干扰,更容易和他人之间有感应。因为胎儿和母亲之间,精神上没有分化,所以胎儿和母亲之间心灵感应非常容易。

根据经验观察,可以发现胎儿和母亲之间有感应连接。如前所述,母亲的情绪、欲求以及意愿,可以通过影响内分泌而影响到胎儿,可以通过母亲的心跳变化、语言和行动影响到胎儿,也可以不依赖这些媒介而直接让胎儿感应到——胎儿能直接感应到母亲的情绪、欲求,直接感应到母亲的意愿、态度和选择。

感应不是符号化的认知,而是一种直接的"知",因而母亲在孕育期的心情,会像镜子里的图像一样反映在胎儿"心上",所反映的东西和母亲的心情是完全相同的:如果母亲有一种多种情绪混合后产生的非常复杂的心情,胎儿完全不可能理解这种复杂的心情,但是通过感应,他的心里会有和母亲的复杂心情一模一样的心情。胎儿不知道这个心情的缘由,这种心情"就是这样"

来到他的心中。

除了母亲，家族中其他人的心理内容也会和胎儿有感应。退行到胎儿期的人能发现他们那时还受到了家族中的情结或者心理态度的影响，屡见不鲜的例子是，如果家族中有一个普遍的态度，认为女孩（或男孩）需要更主动、有力、活跃（或被动、温顺、安静），胎儿就会受到这个期望的影响，从而影响到他（她）的气质。如果家族中有一个情结，比如每一代的女人都会仇恨男性，那么处在胎儿期的女性，在完全没有后天的认知之前，就可能被赋予这个情结。退行者回忆胎儿期时，会发现记忆中存在这些情结，而且也是以胎儿期那种没有逻辑、没有形象的内在感受形态存在的。

这个现象也说明母亲或家族中人的心理内容，以及他们的情结等会感应到胎儿心灵上。

胎内的原型激发

前述影响因素对胎儿会有影响，但是胎儿并不是完全被动地受到它们的影响，这些影响因素会被胎儿意识到，胎儿的自我意志会在意识的基础上做出心理动作或选择。胎儿的这些自主的心理活动也会反过来影响他的外界环境，进而决定他自己受到的影响。

比如原型虽然是精神遗传所决定的，不是胎儿自己能决定的，但是胎儿的心理动作能决定原型是否被启动。在胎内哪个原型被启动了，对人格发展也是有影响的。

虽然我们从胎儿开始，就有了"全套的"原型，但是在这些原型中，有很多在胎内时是"未启动"的。这和躯体的运作也是同样的道理，比如躯体的性发育是青春期才开始，在那之前我们有关性器官的遗传信息处于未启动状态。在原型中，和性有关的原型是"性爱之神原型"，这个原型在胎内很可能也是不启动的。这个说法是近似的说法，如果非常严格地说，躯体的性器官在胎内也是有发育的，同样，在精神上，性爱之神原型也是有轻微启动的。再如，"天才儿童原型"在童年期启动，"智者原型"的启动往往要到中年以后，这些原型在胎内也基本是未启动的。

在胎内，我们比较确定，能启动的原型主要有两个。它们都是和胎内环境有关的原型：一个是"天堂原型"，另一个是"地狱原型"。

在谈到这两个原型之前，我们先要谈谈胎儿所处的"生存"环境。对胎儿来说，母体就是他的唯一，他的全部世界。"我所存在的世界"是好的还是坏的呢？如果是一个出生后的人，他也许会看到世界有好的部分，也有坏的部分，而胎儿的全部世界只是母亲的子宫——母亲好，世界就全然地好；母亲坏，世界就全然地坏。

胎儿没有任何防御能力。胎儿的感觉，就像我们伤口上刚刚长出的新鲜肉芽一般娇嫩，因为那时他还没有为自己发展出任何用来防御外界的"茧子"，所以，他的感受比我们成人想象的要敏感许多——母体中任何对胎儿不利的因素出现，哪怕是很轻微的，都会给胎儿带来很大的痛苦，破坏了全然好的世界，也就使得这个世界全然地坏了。为什么不是全然好就是全然坏呢？我们想想就很容易明白，如果我的手指痛得要命，但是身体其他部分都不痛，那么我能说我处在一个部分痛、部分不痛的状态吗？不能。身体处处都不痛才是不痛，身体哪怕绝大多数部位不痛，只要有任何一个地方痛，那就是痛。

由于以上谈到的两个主要因素，对胎儿来说，胎内世界的确会被感觉为两极化。这种两极化的感觉有可能导致天堂原型、地狱原型这两个重要原型被"激活、启动"。

天堂原型，是胎儿处在一个好的胎内环境时可能会被激活的一种原型。人类世世代代的生活中，有过很多好的胎内环境经验，这些经验的"精神遗传"就是天堂原型。

这个原型"种子"被其所对应的好的胎内环境激活后，我们会把好的胎内世界看作"天堂"，是一个无比美好、一应俱全的地方。在这个地方，我们快乐幸福，我们有绝对的满足感，没有任何匮乏或缺失感——那里没有饥饿，没有寒冷，没有痛苦；那个地方让我们感到非常美好，没有丑陋和邪恶的踪迹；那个地方让我们感到全然的安全，没有危险需要我们自己去应对；那个地方充满了无条件的爱，这爱弥散在我们存在的整个世界。没有视觉经验的胎儿所感受到的天堂，也许并没有具体的物象，只有明亮而舒适的光、温暖而舒适的温度。天堂中有美妙动听的音律，也许这是因为胎儿能听到母亲的心跳、话语。天堂的环境带给我们的情绪是平静而喜悦。

天堂原型带给我们的行为反应是安然享受：在天堂中，我们不需要主动做什么事情，不需要努力争取我们所需要的资源，我们自然而然地得到那一切美好、富足的享受，都不是因为我们做了什么，而只是因为我们作为自己而存在着。这实际上正是胎儿的处境——作为胎儿，不需要做任何事情就可以安享幸福，并获得他维持生命所需要的一切资源。

地狱原型，是胎儿处在不好的胎内环境中可能会被激发出的原型。孕妇并不都是幸福的，怀孕期间她们的身心不可能总处在积极的状态，她们也并不都是每时每刻都对胎儿充满爱心——有时候她们甚至对胎儿充满了嫌弃、厌恶、怀疑、敌意等。母亲在这种状态下，胎儿会有痛苦的体验，胎儿所处的世界就不再是"天堂"了。此时，有可能地狱原型的"种子"被激活，于是胎儿所感受到的环境就变成了与天堂对立的"地狱"。

地狱原型被激活后，胎儿的痛苦感可能会比母亲胎内环境的实际状态坏太多太多。一方面是由胎儿对环境的两极化的感受所决定，另一方面也由于原型本身的特点——原型本来就是非个人的、集体性的"精神种子库"。因为，地狱原型给胎儿带来的感受，不仅仅是由这一个胎儿所处的实际的坏环境所带来的感受，同时也是历史上人类所经历的成千上万次的坏的胎内环境所带来的感受，就像天堂原型给胎儿带来的感受也不仅仅是这个胎儿所处的好的胎内环境带给他的感受，而同时也是历史上人类所经历的成千上万次的好的胎内环境所带来的感受一样。

天堂让我们喜悦，是因为天堂温度宜人、食物丰裕、地肥水美……一切都充足而恰到好处；地狱让我们痛苦，可能是因为太热使我们感到像被烈火焚烧，可能是因为太冷使我们感到像被冻在千万年的寒冰之中，可能是因为周围有毒气、毒水等让我们感到受污染、受毒害，或者是空间太狭小、氧气不够而令我们窒息，或者是我们的情绪没有得到回应而感到孤独……种种苦难，不一而足。

地狱让我们不满足，我们感到缺失了什么，我们需要母体把这个缺失补足，但是母体却没能做到。最难过的缺失是爱的缺失，地狱中没有爱的气氛，有的只是敌意、嫌弃、厌恶、怀疑、冷漠，等等。我们知道这些情绪就是母亲当时的情绪，由于母子之间的直接联系，这些能被胎儿直接感受到。胎儿虽然还不知道这些感受的名字，也不知道这是母亲当时的情绪，但他能感受到一种氛围。他甚至没有认知能力把这个氛围评估为"坏"，但是这个氛围会使他感到痛苦和不舒服。在地狱中，我们感到的不是光明而是黑暗，不是纯净而是浑浊；我们听到的声音不是悦耳的音乐，而像是阴森的鬼语或鬼哭。胎儿会有恐惧，因为这样的环境对他的生命是个威胁。

简而言之，天堂原型带给我们的基本感觉是喜悦、满足、爱、安全，而地狱原型带给我们的基本感觉是痛苦、匮乏、无爱、不安全。

从概率上看，好的胎内环境容易激活天堂原型，坏的胎内环境则容易激活地狱原型。但这里我们需要再次明确，胎儿不是被动地受到环境的影响，好的胎内环境未必一定激发天堂原型，坏的胎内环境也并非一定激发地狱原型。

好的环境下，胎儿如果自动产生了一个心理动作——把自己的感觉和一个原型相认同，虽然不会说话但是仿佛在说"这就是天堂／地狱"，则相应的原型被激发。如果没有这个心理动作，那么就没有符号化过程，胎儿依旧会有感受、有对胎内环境的意识，依旧有那些（我们可以称为好或坏的）体验，但是还没有启动以原型形式所做的符号化认识。

原型激发需要条件：一是需要有这个原型存在，并且这个特定胎儿的精神遗传上这个原型的量有优势；二是需要有能激发原型的环境；三是胎儿做了一个"认同"的心理动作，三者缺一不可。这就是精神遗传、胎内环境和胎儿自我意志之间的交互作用。

被激活的原型会带来更大、更实际的影响。经历过天堂或地狱，这是人生最早也最强烈的经验，我们未来的人生就建立在这天堂或地狱的基础上。

胎儿影响母亲

上面我们讲到了母亲对胎儿的影响，现在我们说胎儿对母亲的影响。

很多孕妇都会发现一个现象：胎儿的存在会影响孕妇的饮食口味、性格表现等。孕妇常常会发现自己怀孕后饮食口味变化了，而孩子出生后母亲的饮食口味又变回以前的样子。过了一段时间，当孩子可以正常饮食后，母亲惊讶地发现，孩子最爱吃的东西，正是自己孕期爱吃（平时未必爱吃）的东西。例如，有位女性一贯不吃鱼，但是怀孕后非常爱吃鱼，生育之后又完全不爱吃鱼了。孩子一岁以后，她发现在没有任何引导的情况下，孩子最爱吃的就是鱼。我们可以合理地推测，孕妇在孕期口味的改变，实际上是受到了胎儿的影响，是胎儿的某种先天的偏好影响了孕妇。

孕妇常常发现，自己在孕期的性格改变也和胎儿未来的性格很一致。比如外向活泼的女子怀孕后，变得很沉静——结果孩子出生后是个很沉静的孩子，而母亲也恢复了活泼的状态；同一个母亲在第二次怀孕时，却比平时还活跃，而第二个孩子出生后是一个非常活泼的孩子。我们推测，这也同样表明胎儿对母亲有一定的影响。

胎儿对母亲的影响机制也是两种：一是通过血液循环、胎儿运动等物理作用产生的影响，例如胎儿踢腿被母亲感觉到，等等；二是通过感应机理让母亲直接感受到胎儿的心理状态。

　　大多数情况下，由于母亲和胎儿之间密切的共生关系，以及深切的认同，当母亲感觉到胎儿的心情之后，她会觉得那是自己的感受，当母亲感应到了胎儿的心愿后，也常常会直接当作自己的心愿。随之，母亲就像自己需要一样，去为胎儿做他所需要的事情。如果胎儿需要西红柿中的某种营养，那么母亲就会感觉自己想吃西红柿——因为她体会到的是自己身体中发出的这样一种欲望，她就认为是自己的欲望。当然，胎儿不知道什么是西红柿。只不过，也许前一天母亲吃西红柿后，胎儿产生了舒服的感受，当胎儿渴望同样的感受时，这个感觉就传递给了母亲，母亲的认知系统识别了这个感受，并明确命名为"想吃西红柿"。如果胎儿需要安静，那么母亲也会觉得是自己需要安静。因为，处在嘈杂的环境时，胎儿的不舒服直接被母亲感受到了，母亲感受到之后觉得是自己不舒服，是自己需要安静。

　　胎儿没有符号化认知，没有思维的能力，而且他生活在子宫中也看不见外面的世界，但是通过母亲，胎儿可以和外界相互作用。母亲对外界的认知，转化为感受之后影响孩子，孩子的心愿被母亲当作自己的心愿而感觉到，并影响到母亲的行动。例如，母亲看电视剧时，看到杀人的场面，在没有怀孕时，她对这类场面不会有太大的反应，只会有轻微不适。但是在怀孕后，她就完全受不了，感到痛苦和恐惧，非常不舒服。这是如何发生的呢？孕妇看电视剧的时候，看到杀人的场面，会产生少许的恐惧、痛苦和不适感。这使得她血液中的激素水平有所变化，胎儿感受到了这个变化。同时，胎儿也敏感地感应到了母亲的恐惧、痛苦和不适。因为胎儿没有防御，所以胎儿会对这种激素变化，以及对母亲的这种情绪进行放大。于是胎儿心理上有了强烈的反应，产生严重的不舒适。在这个阶段，胎儿并没有直接看到杀人的场景，但是，母亲对杀人场景的认知所转化的情绪影响到了胎儿，胎儿因而产生强烈的消极反应。胎儿产生的反应，通过胎儿血液的变化和胎儿的动作让母亲感觉到，而且通过感应机理，母亲直接真切地感受到胎儿的强烈不适，于是母亲觉得"自己很不喜欢看这样的镜头"。这就是母亲感受到了胎儿的感受，于是母亲采取行动，关掉电视或转换频道。我们可以说，这个过程中母亲用自己的认知能力替胎儿"消化"了外界信息，而胎儿对消化后的外界信息有反应，这个反应又通过母亲转化为对外界可能产生影响的信息和行动。

　　同样的机理，胎儿也可以通过母亲对外部世界中的其他人产生影响。这样的互动中，胎儿甚至可以在一定程度上决定自己的命运。我再用一个关于胎儿期生活的梦做例子：一位女性在梦中看到一个脸盆中有水，养着一些鱼。水中似乎有某种毒素，鱼在一条一条地死去，剩下的几条也奄奄一息。另一个盆里有新接的自来水，没有毒素但是有氯气，她知道如果马上把鱼换到有氯气的水中，鱼也是必死无疑。她需要在适当的时刻给鱼换盆：早了，鱼会被氯气熏死；晚了，鱼会被未知毒素毒死……

我们分析后发现这反映了她曾经处于的胎内情境，当时她母亲处于不良的心理状态中，所以其羊水是"有毒的"，胎儿需要离开这个环境。但是如果孩子早产，也是很容易死亡的，因此什么时候"换盆"（也就是什么时候出生）是关键。

鱼是胎儿的象征，鱼的数量就是胎儿的生命力强大程度。鱼并不知道还有另一个盆存在，也就是说胎儿并不知道自己可以有"出生"这样一个选择。孕妇知道有另一个盆存在，孕妇可能会想到要不要"换盆"。不过，我们可以看到，胎儿虽然不知道有换盆这样一个选项，但是胎儿会对母亲什么时候"换盆"有一定影响力。鱼在原来的盆里表现得越不能忍受，就会让母亲感到原来盆中的水越毒，越会冒险稍微早一点"换盆"。胎儿的自我意志如果表现为实在不愿忍受了，在这个水中多待一会儿就会死，他的表现就会反映出这个意志，而这对孕妇的选择就会有影响：如果她想生，孩子就要冒险早产；如果她要放弃，孩子就会放弃。如果胎儿的自我意志还可以忍受，那么他在水中就会表现得更平静些，情绪相对不那么激烈，这时孕妇就可以继续维持妊娠。

胎儿的自我选择

胎儿的自我意志可以有选择，而胎儿的基本选择可以产生影响。

胎儿的自我选择有很多，而最重要的一个选择就是在环境不够理想、母亲的爱不够等情况下"我要不要继续活下去"，特别是在地狱原型激活的情况下，胎儿很可能做出"不继续活在这儿"的选择，或者也有胎儿会选择忍耐痛苦继续活下去。当然，也有时候胎内环境虽然不够好但也不是地狱，可是胎儿还是选择不再活下去。

如果胎儿不想活，母亲就可能会流产。不过这也不是绝对的，如果胎儿不想活下去，但是胎儿的母亲非常想要这个胎儿活下去，她也可以通过感应把自己"挽留"孩子的意愿表达给胎儿，从而让胎儿"回心转意"，甚至采用保胎等方法"强留"胎儿。

如果母亲不喜欢孩子，甚至不想要这个孩子，胎儿可以通过感应的方式感受到。虽然胎儿没有思维，但是他能够感受到母亲的选择是什么。如果他决定"母亲依然不愿意留我，那我也就不活了"，母亲就会产生流产的倾向。如果他决定"我还是要千方百计活下去"，那他就不会产生自然流产的倾向，会用不同的方法活下来。这时也许本想人工流产的母亲会感受到胎儿很想活下来而被感动，从而决定把孩子生下来。

胎儿不仅可以选择活不活，也可以选择用什么策略活下来。在深度心理体验中常见各种"要活下来"的方式：有的人的态度是"我就要活下来，你放弃我我也缠着你"，这个人在成年后的人际关系中，也常有纠缠的模式；有的人的态度是"我会表现得很乖，求你不要放弃我"，这样的人在成年后，也会在亲密关系中表现得非常老实听话；有的人的态度是"你不喜欢我，我偏和你作对，就不走"，这样的人成年后和亲人之间容易有敌对的态度……选择如何活下来，是人生最早的策略选择，这个选择会深刻地影响一个人的人格发展。

胎儿的选择还可能和一些更具体的态度有关。比如，有的母亲对孩子的性别有心愿，比如希望生个男孩，但是胎儿却发育成女孩。这个时候，胎儿会有一个选择，选择自己如何应对母亲的这个心愿，以及母亲对自己的性别的不接纳，从而选择一种基本人生态度："你不喜欢女孩，我要做一个像男孩的女孩""你不喜欢女孩，我偏要做一个女孩""你不喜欢女孩，我要证明女孩才是更好的""你不喜欢女孩，但是我会对你好，让你感动"……所有这些选择都会对这个胎儿的未来人格产生比较大的影响。在我们的心理训练中，在退行到胎儿期时，看到了非常多的这类例子。

除了性别，母亲对胎儿的接纳与否还可能影响胎儿的性格等，和母亲的心愿一致的胎儿，会让母亲感到愉悦，从而更为接纳。相反，如果胎儿和母亲的心愿不一致，则孕妇在怀孕期间会有更多的不舒服。对母亲的所有接纳或不接纳、爱或不够爱，胎儿都会选择不同的反应——胎儿期绝不是仅仅长身体，这个时期有重要的母子/母女互动，以及重要的基本选择。

谈到胎儿的选择时，我用了"我要活下来""我要乖"这类的话，实际上胎儿不会说这样的话，也不会有这样的语言形式的念头，他没有这样的思维能力，这只是为了我们这些习惯于语言交流的成年人更容易理解，所以把他们的感受用语言的形式"翻译"出来而已。真实情况中，胎儿只是感受母亲的态度、心理活动和选择所带来的无以名之的感受，并产生情绪、心态上的反应，而这个反应再使得母亲感受到而已。双方的这些感受非常精细，能把我用语言所表达的那些意思传递过去，但是双方都没有语言。比如"我会表现得很乖，求你不要放弃我"，实际发生的是，胎儿如果有很强的活下来的欲求，并且作了上述选择，那么在感受不适的时候，他会忍受着自己的消极情绪不发作，不在胎内烦躁地乱踢，于是母亲不要这个孩子的想法减少了，于是胎儿发现某种消极的感受减少了，下次他就还这样反应……这个过程中没有语言。

在胎内，胎儿的选择不仅是活下来与否，也已经选择了一种基本的行为模式。

无可改变的"原始印刻"

经历了约 40 周的胎内生活,胎儿出生前,胎内生活已经使他带着几乎未被符号化的基本"信念",我们称之为"原始印刻"。

我用"印刻"这个词,是为了表明这些心理内容是基本上未被符号化的,它不是以意象,更不是以逻辑词语的形态存在的。它存在的方式如同我们在泥上踩上脚印,因此叫作"印刻"。

心灵上的这些痕迹,是不能被思考的,因为它不是符号,所以不能被信息加工。我们可以用电脑中图片文件和字符文件的区别,去比喻和理解印刻和观念之间的区别。它们形成我们心灵的整体背景,也许我可以用意象来近似地说:有的人的这个背景是光明的,有的人是阴郁的。但是更恰当地说,这个背景也不是心理意象,只是一种"感受"的背景。

我们可以把胎内生活说成"美好的"或"可怕的",但对每个胎儿来说,他并没有这个分类,因为他没有经历过和自己的胎内生活不同的另一种胎内生活,因此这种胎内生活是他唯一的胎内生活,是一种"就是这样"的生活。当然作为观察者的外人会看到,如果一个人的胎内环境不同,胎内生活期间母亲的心理状态不同,胎儿自己的选择不同,所形成的印刻是非常不同的,是非常不同的"底色"。对每一个胎儿来说,他却只是把自己"原始印刻"后的心理世界的样子当作唯一的、"就是这样"的世界的样子。

不管在外人看来，这个原始印刻多么不好，胎儿自己都没有能力去改变它，因为在他的心目中，世界就是这个样子，他不曾想象过还存在别的样子。

这就是原始印刻中的"理所当然"感，也是原始印刻极难被改变的原因。不论在外人看来这个原始印刻多么不好，他自己都不会试图改变原始印刻，因为他不知道还有不同的可能性。当我们退行到这个心理阶段时，心理咨询师也完全不可能让来访者有欲望改变原始印刻，不可能有一种什么内在的、有为的心理动作去改变原始印刻。如果心理咨询师试图去改变他，他会告诉心理咨询师这是不可能的。

原始印刻是什么样子，和原型有关，和胎内环境有关，和母亲的心态有关，和胎儿的心理动作以及选择有关。所有这一切在孕育期是如何发生的，决定了原始印刻的样子——原始印刻就是孕育期历史在胎儿心灵上留下的雪泥鸿爪。

"存在感"与"存在"

在胎内，通过自我选择和原始印刻，人的核心存在转化为他独特的现实存在。意识到这个独特的现实存在后，人有两个可能的选择：认同、不认同。

理论上，人可以不认同这个独特的现实存在，那么人就还和有意识并且有自由意志的"人的核心存在"在一起，人就还是那个"我能选择"而不是"选择后的结果"。实际上没有人会做到不认同这个独特的现实存在，除非是传说中的"入胎不迷"的菩萨。

如果认同，人就会把这个独特的现实存在看作"我"，于是他就有了一种"我是存在的"（我在）感觉，这就是胎内的存在感或"我感"。有一点我们必须说明，这种胎内的存在感中不包含我和环境的对立，子宫环境甚至母亲都被意识为这个"我"。

这次认同过程实际上把一个有更多可能性的我缩减为一个更独特但是也更局限的我，可以看作是第一次"堕落"。或者说，我们把一个作为能动性的主体、作为创造主体的我，认同为这个主体在环境下被塑造和选择的那个产物。不过我们每个人都必须有这样一次堕落，这次堕落使我们成为人。

存在感和胎内的感受是一体的。胎儿时期幸福而享受的人，会在幸福享受中获得存在感——我享受故我在；胎儿时期不幸而痛苦的人，会在不幸和痛苦中获得存在感——我痛苦故我在。有些人成年后做的一些事情，让我们觉得他们好像是在自寻痛苦，我们会感到很奇怪，既然人都趋乐避苦为何有人这样找不痛快？这很可能就是因为他们胎内生活不幸福，他们习惯了在痛苦中获得存在感。他们认为，痛苦固然不好，但是不存在更不好。一个痛苦的我总胜过没有我。他们认同了痛苦的那个是我，为了让"我"能够存在而宁愿去痛苦。他们不知道其实并非一定如此，如果他们不认同那个胎内受苦的、独特的、现实存在是我，而告诉自己"那个意识和自由意志本身就存在"，那么他们可以放弃那个痛苦的我，而照样感觉到存在。当我批判笛卡尔时，我说："'我思故我在'这个话是不通彻的。其实应该说'思故思在'——只要有思，就有存在感。"在这里，"我（感受）痛苦故我在"，也是不通彻的，应该说"能感受故感受主体在"。有这个感受力在，存在感就在。懂得了这一点（所谓懂得，不是指成年后的我们在逻辑思维中懂得，而是指在人格最深层懂得），就可以不依赖痛苦给我们带来存在感，甚至也不需要依赖幸福来给我们带来存在感。

出　　生

出生印刻

出生过程是人生遇到的第一个重大事件，出生本身以及出生的经历、刚出生时的外在环境、他人对新生儿的态度和反应等，都在新生儿的心灵上印下深深的印记，这印记附加在原始印刻之上。我们把这些被出生过程附加在原始印刻之上的印刻称为"出生印刻"。

一些心理学家已经研究过出生过程对人的影响。如格罗夫（Grof）提出："出生过程所经历的创伤是我们生命中最深刻、最具影响的，它点点滴滴地记录在我们的记忆中，对我们的心理发展产生深远影响。"[1]

在我们训练心理咨询师的过程中，受训心理咨询师有时会"退行"到出生时，回忆起那个时候的心理经历，并意识到出生过程对他们整个人格的发展以及人格特点有很大的影响。

也许有人质疑：当一个人"回忆"出生的情景时，他说出来的那些情景也有可能并非是他的记忆，而是他的想象。心理学的研究早已证实，任何人的记忆都不是过去情景的精确再现，而是包含着想象的一种重构。但只要这个回忆中主要情节和过去的真实经历一致，我们就可以把它看作回忆。同时，对那些回忆起出生情景的人，我们要求他们和父母沟通，验证他们关于出生过程的那些记忆。我们发现，对

---

[1] 格罗夫.非常态心理学［M］.刘毅，译.昆明：云南人民出版社，2003：20.

于心理成长到了一定阶段的人来说，在绝大多数情况下，他们的出生记忆和父母的相关记忆会有较好的一致性，因此我们对他们的回忆内容可以有一定的信任。

对死亡的恐惧与向往

出生之所以重要，首先是因为这个过程是一个巨大的转变——过去（胎内）生活的丧失。

出生是胎内生活方式的丧失，过去的那一切不复存在了。正如弗洛姆等心理学家所分析过的，对胎内生活较好的多数胎儿来说，这个过程就是失乐园，就是离开伊甸园。我们在胎儿期不需要做什么就可以生活，甚至可以有很美好的生活。但是出生把我们从伊甸园中驱赶出来。这对新生儿来说是一种丧失，这种丧失可能会带来一种原发的悲哀感。孩子一出生就哭了，的确值得哭啊，因为他有一个如此大的丧失。如果能接纳这种悲哀，它会渐渐过去；如果不能接纳它（事实上，在潜意识中，我们多多少少都不能接纳它），这种悲哀就会在我们未来的人生中继续存在，成为人生的一部分。它也让我们终生有一种下意识的渴望，渴望有一天能回到子宫中生活。出生后，个体会用不同的方式来应对这个悲哀，从而带来种种不同的后果。

从最根本上，我们应对这个悲哀的方法是执着于过去的胎内生活，幻想自己并没有离开子宫，或者幻想重新回到子宫。这激发了一个原型,我称之为"死神原型"。这个原型有两个看似矛盾的倾向:一个是害怕死亡,另一个是向往死亡。

出生就是胎儿生活的丧失,因此出生对胎儿来说就是"胎儿之死亡",对胎儿来说这是很可怕的事件。我们出生后,生活在我们熟悉的这个地球上,我们下意识地害怕再一次遇到这样可怕的事件,害怕以后还会降临的死亡,害怕我们人生中的下一次丧失。对"胎儿之死"(也就是出生)过程的恐惧回忆,会让我们害怕再一次的"死亡"——这就是死神原型中害怕死亡这种情绪与情感的来源。

另外,由于出生是胎儿生活的丧失,这让我们下意识地渴望回到出生前的伊甸园。出生之后,我们活在这个地球上,再也无法回到出生前了。而死亡会让我们离开出生后的人生,让我们感到也许我们会有机会再度回到子宫中的那种生活,这让我们很向往。同时,在对生命产生极度恐惧和绝望的时候,回到死亡的怀抱也让我们感到有机会结束由于活着而导致的挫折和不安全感,就好像重新逃回了安全的子宫港湾。因此,死神原型中另一个倾向就是向往死亡。

简言之,出生如同一次对死亡的经历,由于这个经历,人可能会害怕"下一次"的死亡,也可能会渴望回到这一次的"死亡"之前。

在前一种情况下,死神原型让我们感到恐惧;在后一种情况下,死神原型是一种回归平静的诱惑。在前一种情况下,人的心理能量执着于现在的生活；在后一种情况下，人的心理能量执着于出生之前的生活。

在我们几十年的人生中，死神原型时时刻刻在影响着我们。从这种意义上，我们可以大略地说，是死神原型在个体心中的不同呈现方式，给我们带来了种种不同的后果，塑造了不同的人生模式。

"无条件的爱"的丧失

那么，对于那些胎内生活不幸的新生儿来说，情形是不是有所不同呢？离开了不好的子宫，他们会感到解脱而不是悲哀？

我们推测，如果这个新生儿出生后的环境很好，和胎内环境形成鲜明对比，也许他会更容易感到解脱而不是悲哀。他会有一种"关注未来"的倾向，在一生中遇到苦难的时刻，更能存有一份希望在心中，因为过去的经验告诉他，事情是会变得更好的，尤其是在经历过一次丧失（死亡）之后。其隐含的内在语言就好像在说："没关系，旧的不去，新的不来。"而这种潜意识的经验，就可能导致个体对死亡存有一种向往，尤其是当他感觉当下的生活状态不好的时候。当然，生命有想要持续存在和惧怕死亡的本能，所以无论在胎内生活得好还是不好，死神原型都会在个体身上同时表现出"惧怕死亡"和"向往死亡"两个方面。只不过，胎内生活好的个体对死亡的恐惧会远多于向往，而胎内生活不好的个体对死亡的向往会相对多一点。

然而，在现实中的多数情况下，出生后的环境未必能比胎内环境好很多，即使有改善也往往是较为有限的。因为他的母亲还是同一个人，那些使得这个母亲子宫环境不好的心理、生理要素，在后天环境中也不会一下子消失。如果母亲很抑郁，使得子宫干枯、无养分，那么这个母亲的奶水也会一样枯竭、缺乏滋养，这个母亲的怀抱也一样无力；如果母亲很愤怒，她的子宫里有毒素，那么孩子出生后母亲也一样会愤怒，这种心理毒素也一样会通过奶水或她对孩子的态度而影响孩子。一般情况下，一个母亲不可能在生孩子以后就突变成另一个人。由于母亲的身心状态就是一个人的第一个环境，所以，不管是出生前还是刚刚出生后，这个环境的状态好坏是大体一致的。

同时，由于太坏的子宫必然会导致胎儿无法存活下来（比如受精卵无法着床、自然流产或人工流产），所以通常在子宫里，即便环境不够好，胎儿的基本感觉也是安全、恒常和具足的，而且他是这个安全世界里的中心，整个世界都在供养他。

相比之下，无论出生之后的环境多么好，世界也是无常的——他必然要经历种种匮乏和丧失，而且，在出生后的世界里，他再也不是这个世界的中心了，他永远地失去了在胎内的安全、恒常、具足，以及"整个世界都是我自己的"的感觉。出生剥夺了一个人最原始的自我中心感，这导致了原始自恋的损伤。因此，每个人在出生之后都会不断地寻求自我价值感的反复被确认，并尽可能地寻求机会满足自我中心（我是世界的中心），这可能是为了修复出生导致的原始自恋损伤的本能反应。因此，从这个角度看，不论子宫好坏，出生对个体来说都是一个普世创伤，这个创伤会在个体的心灵中留下最基本的丧失悲哀。

如果出生后换一个更好的母亲养育他呢？即便这个代母的身心条件更好，但孩子和亲生母亲的那种深刻的心理连接还遗留着，并且更重要的是，孩子已经下意识地把这种与生母相联结的胎内印刻作为"子宫"的替代物。也就是说，这种与生母相连的印刻，在孩子永远地失去了现实子宫之后，已经成为他内心中最后保留下来的"精神子宫"，因此在绝大多数情况下，他宁愿继续在亲生母亲身边受苦，也不愿意离开。离开亲生母亲对他来说是更大的痛苦，因为那意味着他不但被剥夺了现实子宫，而且还要被迫放弃最后保留的那一点点"精神子宫"，这将是一次丧失子宫的重演。同时，对孩子来说，即使在亲生母亲身边的生活有痛苦，至少这个痛苦是他所习惯的，也是他从生命开始就耐受着并且耐受了很久了的，而改变习惯就像是要离开熟悉的子宫来到一个陌生的世界上一样不安全。

与此同时，对胎儿来说，还没有"我"与"世界""环境"（胎儿的"世界""环境"就是"子宫"）的分别，也就是说，一个胎儿的自我存在感是和宫内环境作为一体而融合存在的。因此，在出生的时候，从子宫中被剥离出来，会让胎儿的自我存在感"不再完整"，就好像"原来的我"的一部分把我的另一部分抛弃了。

而亲生母亲的身心气息，由于和胎内环境高度一致，会让新生儿本能地感到又找回了失去的"我的另一部分"，从而使得出生后的自我不完整感得到巨大的缓解。再完美的养母，都无法成为新生儿的"失去的另一部分自己"，无法使得不完整的新生儿重新获得自我完整感。

因此，无论养母的条件有多好，离开亲生母亲对孩子来说都是一种"剥离"和"丧失"，因为胎内的环境对胎儿来说就是"世界"，是无条件的，离开这个"无条件的世界"的痛苦，可以抵消其他方面很多"有条件的"改善。

综上所述，我们推测，即便对胎内生活不好的新生儿来说，出生也不会给他们带来多少解脱感。

对个体而言，出生会带来一种原始的悲哀。对我们来说，胎内的生活是无条件的，即使胎内不是伊甸园，而是一个地狱，至少那里的生活凡事不用操心，而出生后我们的生存就开始依赖于各种各样的条件了，需要为生存条件而操心了，这种操心会带给我们一种焦虑，也就是存在焦虑的一种体现。对孩子来说，胎内环境就算很差，至少也无忧无虑。离开这样无忧无虑的环境，他们依旧有悲哀。因此，这些人在出生后一样会有一种想回到胎内的潜意识欲望，特别是他们感到"外边"也不好的时候，他们会觉得，既然哪儿都不好，还不如在胎内呢！我们都听说过这样的例子，有些在监狱中服刑很久的犯人，出狱后感到非常不习惯，对监狱外那种虽然自由但也让人操心烦恼的生活很不喜欢，难以适应，甚至有些人宁愿回到监狱里生活。监狱生活并不美好，但是至少让他更适应、更安心。从本质上来说，"回到胎内"实际上是我们企图回到"无条件存在"的状态中去。而我们毕生都向往着"无条件的爱""无条件的接纳"和"无条件的支持"，这实际上是我们下意识地向往一个能够无条件包容"我"存在，并孕育"我"越长越大的"好子宫"。好子宫的状态就是"无条件包容""无条件爱"和"无条件孕育"的状态——将来，随着"我"与"世界"开始分化，当个体开始能够意识到"母亲"这个客体的时候，就会把胎内这种对子宫的感受和记忆投注到"母亲"身上。因此，在人类的集体潜意识中，母亲原型被赋予了无条件包容、无条件爱和无条件孕育的基本特质，而这些基本特质就是人类心中关于好母亲的共同感受。

"我与世界的关系"的早期基本印刻

出生是新生活的开始，对这个新生活我们几乎一无所知。在毫无准备的时候，我们突然被迫离开熟悉的环境，来到一个全新的地方，这使得我们丧失了安全无虞的胎内环境，产生了不安全的感受。

首先，在胎内的时候，我们与子宫有融为一体的感觉，这种感觉类似"天人合一感"。在这种感觉中，时间和空间是尚未分化的，因此这种状态的存在会给我们带来一种时间和空间的恒常感。而随着出生过程的开始,伴随着剧烈的宫缩,我们原来一直恒常、稳定的世界突然之间变得"地动山摇",不可信赖起来,我们的第一个情绪反应是震惊,这种情境下的情绪反应便成为个体心中的一个深深的烙印。于是,在以后的人生中,每一次面对类似出生情境的突如其来的丧失,我们的第一情绪反应都是震惊。

剧烈的宫缩过后,我们的身体就开始被产道毫不留情地挤压、排斥,我们的身体感到痛苦,开始对子宫产生怨恨,并本能地企图阻止子宫对我们的挤压和排斥。然而,我们马上发现,子宫依然如故,我们对此完全无能为力,这让我们感到悲哀、愤怒和恐惧——这就是人类最基本的三种消极情绪:悲哀、愤怒和恐惧的来源。

接着,我们被卡在产道中继续承受痛苦,承受自己想要控制环境却发现自己无能为力的挫败感。于是,人类最早期的挫败感就产生了,这是来源于想要通过行动来控制外界的愿望根本无法达成而带来的消极情绪情感。

之后,我们终于被娩出了母体。那一刹那,环境的压迫、排挤和我们的挫败感戛然而止,被身体瞬间滑落的失重感取代。那一刻,我们本能地出现了恐惧,一种仿佛要失掉生命的强烈恐惧,以及一瞬间的没着没落、无处安放自己的悬空感。这两种感受,在以后的个体生命经验中,构成了"焦虑"的核心感受。

然而,这种感觉瞬间就过去了。紧接着我们被一双虽然不像子宫那么温暖但也不算冰冷，虽然不像胎盘和羊水那么柔软但也不算太粗糙的大手托住了。那一刻，我们悬着的心一下子放下了，刚才的一系列强烈的焦虑情绪一下子终止了。虽然和旧环境相比，新环境很不理想，但毕竟还是接纳了我们，容许我们继续存在下去。那一刻，我们有了瞬间的焦虑被缓解的快乐感。这所谓的"快乐感"，并不是幸福、喜悦或满足的感受，而只是在面对相对糟糕的处境来说稍好一些的处境时，先前的那些强烈的痛苦骤然减轻之后的轻松感。这种相对而言的轻松感，就是人类的四种基本情绪（快乐、悲哀、恐惧、愤怒）中唯一的一种积极情绪——"快乐"。由于快乐的本质是缓解痛苦，所以和"幸福"不同，人生中的"快乐"总是昙花一现，总是更当下的一种体验。所以，在个体后来的生活中，"寻欢作乐"常常是缓解不满意的生活状态的一种本能的应对。

但随即，这种骤然缓解了焦虑的轻松感就失去了，接踵而来的又是一系列消极的感受——冰冷、刺眼、嘈杂……这个陌生的环境给我的眼睛、耳朵、皮肤带来的都是痛苦的刺激。而且，随着环境的完全改变，我开始明白过来，我已经被我原来的好世界彻底抛弃了！我不干！我要回到我原来的好世界中！可是除了奋力啼哭和摆动四肢，我什么也做不了。在这个阶段，除了对"我无能"的再次确认，个体也开始对"被抛弃"有了认知，产生了"被抛弃感"。因此，在个体后来的人生经历中，每一次和亲密关系或是归属团体的剥离，都会让我们本能地产生被抛弃的痛苦感、对丧失的旧关系的不甘心，以及对修复旧有关系的渴望。而由于出生的经验，把以"我无能"为核心的自恋创伤，同以"我被抛弃"为核心的关系丧失感打包在一起，使得人类的潜意识中有这样一种自然倾向——如果我丧失了关系或是被人抛弃，我就是一个失败者和无能者。

可是，对新生儿来说，对自己的新处境不甘心也无济于事。除了啼哭和舞动四肢，我什么也做不了，任由环境把我处置了一番之后，孤零零地放在了另一个陌生的、听不到母亲熟悉的心跳声的地方。我活在了一个完全不好的、未知的新世界中了，这个世界不再满足我的一切需求和欲望，而我对此却是完全无能为力的。这个世界比我更强大，它可以让我痛苦，而我却必须置身其中，依赖它给我的条件生存，对它完全没有控制力。这让我开始感受到一种从未体验过的"自我劣等感"，而这种感受，从出生开始，就作为另一个和自恋创伤有关的情绪情感烙印，存储在人类的深层潜意识中，终生携带，成为每个人心底隐秘的自卑情结。一旦遇到有可能触发它的情境，这个情结就开始蠢蠢欲动，我们就会马上进入自我防御状态，力图抢占先机，用一切方式证明"别人比我劣等"来争夺"自我优越感"，或是自我防御失败，被自卑情结击倒。

而从认知方面来说，这次出生的全新的经历，以及在这个过程中被激发的这些人类最基本的情绪，使我们第一次意识到：原来，我们和环境不是一体的，环境可能压迫、抛弃我们，而我们面对环境的压迫和抛弃是全然无能为力的。原来我一直以为稳定、可靠、安全无虞、值得信赖的环境是会改变和丧失的!对"无常"的初步认知,使得被娩出的新生儿有了最初步的分化——"我"与"环境"的分化、"时间"和"空间"的分化。那曾经赋予我们理所应当的安全感的"恒常性"被打破了,我们和环境有了分别,这让我们感到孤独无依,这是最初的孤独感的来源;同时,我们对曾经完全信赖的环境开始有了不信任,这是最初的不信任感的来源。

其次,胎内的生活是毫不缺乏的生活,而人刚刚出生的时候,还没有来得及感觉到饥渴,我们首先开始缺乏的是安全感——这是个什么地方?如此陌生而不可知:光线刺眼,声音嘈杂,温度冰冷。人为什么本能地抗拒改变?因为最初的这个改变是不好的,是失去,而且会带来一系列消极的情绪情感体验。所以,"改变"与"不安全感"之间的认知连接,是我们出生后习得的第一个人生经验。

因为不安全,新生儿需要一个有效的安抚(这里对"安抚"的定义是:能够使他的不安感降低的身心活动)。如果这个不安的新生儿很快得到了安抚——被抱起来,裹上温暖的衣服,放在母亲的胸口边,再一次听到母亲的心跳,那么他会得到一些安慰,不安全感得到缓解。出生,使他第一次知道自己是不完整的,他需要依赖别人,需要一个更强大的人接着自己,于是他开始外求,而他知道的唯一方式就是和被依赖对象(母亲、代偿性的子宫）共生，这个共生使得他在永久性地离开子宫之后，又能够代偿性地感到和子宫重新融为一体，就像回到了胎内一般。所以，由于下意识对重归子宫的渴望，人类出生后习得的第一个反应模式就是和母亲共生。而这个模式得到了母亲的强化，因为母亲开始给他喂奶、拥抱。这在给了他安抚的同时也让他开始外求和依赖。

但是任何方式的安抚都毕竟只是对胎内环境的很不完美的模仿，本质上还是代偿而已，安全感能得到一定恢复，但远远不是完全恢复。不安全感还会在，并且一直在，成为我们持续一生的"存在焦虑"。我们不得不依赖某些条件才能存在，条件是外在的，无常的，而且其变化是不取决于我们的。我们不能不担心一旦我们所依赖的外在条件不存在，我们的存在也就随之被毁灭了，这让我们有足够的理由焦虑，这种因不得不依赖外在条件而存在的焦虑就是存在焦虑的表现形态之一。由于这种存在焦虑从出生以后就伴随着人的一生，所以我们会尝试用种种不同的方式来应对这种存在焦虑，在外部世界反馈的强化中进行采择，并由此逐渐形成相对固定的应对模式——这些应对模式的形成过程则塑造了不同的人生脚本。

除了不安全感和与自我存在感有关的焦虑情绪，出生这个事件还无可避免地带来了原始自恋损伤。在胎内，整个世界都是我的，环境无条件地满足我的生存需要，而出生使我从"具足""我是世界中心"的状态转变成了"匮乏""我不再是世界中心"的状态,我从"世界为我所用"变成了"我必须依赖外界给我的条件来生存"。出生后的我不再是无所不能的了——我是否"能",将取决于我出生后的外部未知条件。出生经历逼迫我承认"我不是自足的,我需要接受外部世界给我的条件才能生活",这会让我体验到劣等感、无能感。

所以,出生给我们留下的第一个关于"我与世界关系"的认知印刻就是"未知的世界是有条件的,并让我无能"。也就是说,出生,把原来的"好我—好世界"变成了"坏我—坏世界"。这个被出生经验所印刻的信念,会经由我们出生后的挫折经验不断地得到验证和强化。

出生那一刹那的强烈焦虑情绪,伴随着"未知的世界让我无能"这一信念的印刻,这个信念印刻和焦虑情绪打包在一起,成为人出生后的第一次完整的关于"我和世界的关系"的认知经验。这也会成为一个人对"我和世界的关系"的一个早期基本印刻。

魔鬼原型的激发

在这种外部不安全、内部无能的情境下,一个人人都有的原型——魔鬼原型——被激发。

在魔鬼原型中隐含的信念认为,我的存在不得不依赖无常的外在条件，是不安全的，于是我不得不通过最大化地控制外界，而达成对存在条件的最大限度的把控。与此同时，为了追求像胎内一样的无条件的存在感，以消除外界条件有限性对自我存在感的威胁，从而达成其"我要存在，且要无限长久、无限大地存在"所必需的时间和空间的无限性，魔鬼原型会导致个体在自身内部最大化地追求自由（自由就是没有任何条件限制的存在）。所以，魔鬼原型的典型特征是对外最大化的控制和对内最大化的放纵。从本质上来说，魔鬼原型所追求的就是：出生让我过去的子宫不复存在，我要把世界改造成继续包容和滋养我存在的新子宫。因此我们会发现，在生活中，在魔鬼原型的影响下，人们会对权力、控制有一种不懈的追求。

从各种文艺作品中，我们可以看到，"魔鬼"常常感觉自己是"失落的天使"。对人类的集体潜意识来说，这是事实，正是因为从胎儿生活的伊甸园中失落，他们才成为魔鬼。魔鬼原型携带着强烈的愤怒，这个愤怒就是被剥夺了自我存在权力所带来的愤怒，是一种被驱逐出伊甸园的愤怒。在未来的人生中，这个原始的愤怒能量可能成为攻击性的一个最深的起源。

魔鬼原型无法拒绝"完美"的诱惑，它会追求自我存在欲望的完全满足，所以它必须要追求对外部世界的绝对控制，以便达成自我存在和扩张所需要的那些条件——无条件的包容、无条件的爱和无条件的支持。魔鬼原型的驱使使认同它的个体欲壑难填，总是想要更多。在现实生活中，无止境地追求更多的金钱、更多的性满足、更多的欲望满足，实际就是试图追求失去的那种胎儿期的"无条件的不缺乏"的生活。也就是说，他企图让外部世界变成一个新的子宫，无条件地满足他的一切欲望。魔鬼原型不甘心接受有限性，因为他们隐隐记得胎内的无限感，并沉溺于这个无限感。他们试图在这个新世界中追求无限的物质、无限的享受、无限的权力、无限的名誉和其他无限的"获得"，想从这个出生后的世界里找到那个子宫世界里的条件无限性，以及自我存在感的无限性。但这是不可能的。

他们不甘心承认"在外部世界里所能获得的不可能无限"，无限感只能在内在世界找到，真正的无限感，其实并不是"无限多""无限好"，而是"无限的可能性"，也就是完全的开放性和没有限制的创造自由。

由于都是追求无限性和自由，魔鬼原型和上帝原型经常会让人混淆，但是二者有本质区别：魔鬼原型首先认同了人存在的有限性，却又出于不甘心而在有限的世界和有限的自身中去强求制造无限，而上帝原型首先认同了创造者的无限性，出于创造的愿望本身而在无限中去创造无限。

魔鬼原型追求自我能力的无限扩张，是对出生后"原始自恋创伤"的不接纳和补偿——我不甘心承认我无能，我不甘心承认我不完整，我不甘心接受我在世界中有劣等感。虽然魔鬼也会承认自己需要世界，但是他会宣称："这是你们世界欠我的。"所以他理所应当地认为自己有权利，也有能力去夺回自己本来就有的那种自恋满足感。

死神原型

对这个出生带来的原始自恋创伤，除了"魔鬼"式的"想要把世界改造成一个新子宫"的应对方式外，还有一种应对是"死神"式的应对，也就是唤起一种"离开现在的世界退回到子宫"的愿望。出生后，人就是活在条件性的世界里，这种形态的存在焦虑是无法解决的，因此人多多少少都会有回到子宫的愿望，也就是说每个人都会被激发起"死神"原型。

死神原型隐含的信念是：既然出生过程让世界变得如此不完美，我就可以通过死亡离开这个不完美的世界，回到出生前的状态。死神所做的事，就是尽可能放弃外界、拒绝外界，从而拒绝不完美的自己对不完美的世界的依赖。

死神原型不愿意向这个世界做出任何妥协，因为妥协不论多还是少，只要有妥协就意味着自己的完美已经不在。他不愿意接受这个世界对他的生存所提出的条件，因为接受这些条件也就意味着承认自己不再强大、不再是世界的中心，并且还要向世界低头。他需要的是世界对他无条件存在下去的一个认可。而除了子宫，他想要的这样的一个世界并不存在，因此他只能回到子宫。

与那些主要受魔鬼原型影响的人不同，主要受死神原型影响的人，不会用"把外部新世界改造成子宫的样子"的方式来抵御原始自恋损伤，他用一种绝望的态度来看待自己出生后不再完美的事实，渴望着通过回到出生前而找回完美的世界和自己——他们幻想着只要回到子宫自己就依旧是完美的，自己的不完美只存在于这个子宫之外的世界。

在古今中外许多文学作品中我们可以看到，那些受死神原型影响的人，在潜意识中甚至对死亡抱有一种好的幻想。他们幻想死亡后，这个不完美的世界带给自己的一切苦难就会随之消失；幻想死后会有一个美好而宁静的世界在等着自己。死亡对他们而言，是最后的庇护所和休息室，是痛苦、挫折、不安的灵魂的一个安全的归属，一个可以无条件接纳他们的归属。在那里，他不需要像在这世界上一样为了生存而疲于奔命，那里就像他们胎儿期的子宫一般。所以，"重归死亡的怀抱""回到大地母亲的怀抱""从哪里来，回到哪里去"等，也是这些作品中常见的描述。在这些作品的意象中，常常有个幻想，死去的对自己好的亲人在等着自己。比如，卖火柴的小女孩幻想她的外婆在天堂等着自己。这个幻想中的亲人，实际上就是子宫的象征。所以，在母亲原型中，也包含着"吞噬""毁灭"之类的消极特质。

对活在这个现实世界上的人们而言，死神原型所带来的影响是：一个人身体虽然活着，但精神上却从来没有真正投入这个世界。因此，主要受死神原型影响的人，会显得消极、冷漠、阴郁、安静、无欲无求、容易放弃，缺乏一个正常生命本应具有的活力和生命力，严重的甚至悲观厌世，发展到了极致就会试图通过自杀来彻底逃避，一了百了。

由于渴望具足感的人生愿望，魔鬼原型和死神原型无时不刻不在诱惑着我们，因为它们都能够给我们提供代偿性的宫内具足感，只不过二者的策略不同：魔鬼是"无所不有"，死神是"没有不足"。死神原型和魔鬼原型是和存在焦虑共生的，也就是说，只要我们能够超越存在焦虑，我们也就超越了死神原型和魔鬼原型对我们的影响。

英雄原型与赤子原型

出生是新生活的开始，在未知的新异的世界中，自我存在感也有了新的转变。

胎内的自我和他的世界之间没有边界感，是浑然一体的。在胎儿的感受中，子宫并不是一个"外界"——"我""我的感觉"以及"我的世界"，在胎内都是一回事，胎儿也不可能有这些分别，他只是混沌地处在这样的"我在"感之中。但是出生时，外界发生了如此巨大的改变——原来浑然一体的存在突然之间被分开了，他开始意识到，原来"我"和"我的世界"（子宫）不是一体的，离开了子宫就像是离开了一部分的自我，"我"不再完整了。此时，最初的分别出现了，也就是我和我的一部分（子宫）

分别了，人具有了分别的能力，对于时间和空间的分别心产生了。原来的一体"我"被分割成"现在的我"和"曾经的我"，或者称为"现在的不完整的我"和"曾经是我一部分的但是现在已经失去了的那个部分的我"。这个过程的感觉是丧失感，离开伊甸园就是这个过程的象征。

与子宫分别后，我们进入了外部世界。我们立刻发现，这个外部世界和我们所熟悉的内部"我的世界"是完全不一样的。内部世界即使和我们分离，也依然作为我们曾经的一部分自我继续残留在记忆中，而外部的世界显然是全然陌生而未知的、高度异己的环境。我们开始意识到，现在这个外部"世界"也不是"我"，于是这里有一个分别产生了——"我"和新的"外界"的分别。这个新世界并不是我，但我同时又明明看到、听到、感觉到这个新世界的存在。换句话说，这个新世界对我完全是"异己"的，它强行成为我无法控制的另一部分的存在。所以，这一次的分别给个体带来的是"侵入感"，和上一次分别所带来的"丧失感"相反。

一次巨大的"丧失"之后，接踵而至的又是一次巨大的"侵入"——面临一次又一次的颠覆，对一个完全不知所措的新生儿来说，他不可能把这样巨大的质变立即"同化"到原有的感受之中去。于是，这个颠覆性的认知改变就使得我们产生了由此而来的种种混杂在一起的消极情绪。由于我们在直觉中意识到，"我"居然可以被分割，"我"居然可以被侵入，"我"毫无选择地被某种不可预知的外力所控制、左右，显然这已经直接威胁到了"我"存在的安全感。甚至，当"我"连续"被丧失""被侵入"之后，原有的那个"我"已经毁灭了，不复存在了，也就是说，原来的"我"随着出生已经"死亡"了。所以这个阶段，新生儿的种种情绪中居于主导的可能是以恐惧为核心的惊慌、"我死亡"的悲哀，以及我们在前面提到过的愤怒、焦虑等消极情绪情感。

然而，随着时间流逝，这一系列的消极情绪情感很快就过去了。情绪情感也是无常的，无法永远在"我"中存在下去。有那么一个瞬间，就仿佛雨过天晴一般，个体突然间意识到——"我感"还在！"死亡"并没能让"我"真的消失，消失的只是我原来的世界（子宫），而"我"并没有跟着那个旧世界一同消失！"我"也并没有随着这个全然未知的新世界的侵入而消失！"我"原来不是非要依赖完美的旧世界（子宫）才可以存在的，"我"原来可以在一个新的未知世界里照样存在下去！可能有少数个体甚至可以下意识地明白："我可以不依赖世界而存在"本身就是一种"无条件的存在"——"我"不必重归那个无条件支持我存在的"子宫"了，"我"本身就成了一个新的"子宫"。于是，个体停止了哭泣，他的内心开始产生一系列积极的感受：原来的不安、惊慌失措、悲哀、愤怒、绝望、无助等情绪情感，变成了惊喜、轻松、释然、侥幸、激动……于是，原来以恐惧为核心的痛苦感变成了以兴奋为核心的快乐感受。这个兴奋感又反过来给新生儿带来一系列生理上的变化：血流加快、身体发暖、呼吸加速，或许他还能通过骨传导听到自己心跳的声音——当他再也听不到母体内心跳的时候，这是一个多么完美的、直接的代偿。于是，新生儿得到了安抚，他安静下来，努力睁大眼睛，打量着周围的新世界，努力倾听着周遭的声响……在他不再害怕自己不存在了，他开始带着好奇观察这个陌生的新世界，心中充满了新奇感。这次劫后重生的存在体验，惊险而深刻地烙印在每个个体的潜意识之中。那种共同的、侥幸存活下来的生死体验，也经由出生经历而储存在我们的集体潜意识中，所以我们创造词汇的时候会下意识地把"侥幸""幸运"和"本以为必死无疑结果却活着"的体验联系在一起，而把劫后余生的人生境遇称为"幸存"。

"我还存在着"——出生后第一次，全然的"我存在"被感知到，被证明了！原来，"我"存在的感觉是这样的状态！在这样的惊喜中，一个明确的"我感"被唤醒了，于是"自性"原型被全然地激活并以这个新生命的形态而存在了。这个自性原型具体投注于这个肉体后的存在形态就成为一个后天的"我感"。这个后天的"我感"的一个核心特质就是：无论面临何种人生情境，我都是这个样子的而不是其他样子的，我都要以自己的本来面貌存在，让这个存在延续下去，而且希望让这个"我"中包含的所有潜质都得以实现。所以，自性原型很像一颗活种子——只要这颗种子存在，就会本能地生长、壮大。

在自性原型被激发的同时，个体也突然发现，虽然自己在胎内赖以生存的一切条件都突然之间毁于一旦了，但"我感"并没有消失，非但没有消失，还真正地呈现出来，被自己真正感知和证明了。个体突然感受到一种"我"不但真的存在着，而且"我"还有某种与生俱来的、未知的能力，能够在"旧世界"完全毁灭而没有任何其他保护的条件下，让"我感"能够成功地得到保护。这是一种"我能够成功地保护住什么"的强大感。这时候，另一个原型被激发了，这就是"英雄原型"。

英雄原型的一个核心特质就是，无论面临何种人生情境，个体对未来能够存在下去充满渴望和信心，并有一种毫无来由的力量感——这可能来源于这次"置之于死地而后生"的出生体验吧。所以，受英雄原型影响的个体，会有一种骨子里的、不需要理由的乐观。虽然生命充满变数，虽然未来不可预知，但是他们总会基于一种似乎是没来由的"一切都会好起来"的基本信念，而愿意勇敢地迎接新生事物，挑战未知和未来，并在行动时带着一种与生俱来的力量感。

出生过程，对个体来说，是一次劫后余生的体验。这个经历会作为第一个后天的认知模板被烙印在个体的认知体系中，成为后天所有习得信念的基本底色。

其中，自性原型的激发，会本能地给个体带来一种寻求存在感的模式：通过与某些"原来是我但现在已经不再是我"的事物（子宫）的剥离，而在"我"与"非我"之间划出更清晰的界限，以此来确认独属于"我"的本来面目。这个"我"与"非我"之间的界限，就是我们称为"自我边界"的东西。这种"原来是我但现在已经不再是我"的感受和认知，就是个体确认自己"成长"和"独立"的一个心理标志。由于自性原型的这一特质的影响，个体在心理发展的各个阶段，都有一种不断寻求越来越清晰的"自我界限"的倾向：出生过程教给个体的第一个关于"我是谁"的认知经验就是，当"我不是什么"被剥离出去之后，"我是什么"就能够被更清晰地感知和证明。这个过程就是我们称为"自我实现"的过程。"自我实现"就是"自性"这个原型的根本使命，即完成"个体化自我"构建的过程。

而英雄原型的激发，本能地带来了人的另一个寻求存在感的模式：喜欢冒险，喜欢挑战未知，并寻找那种"无法预期"却最终"在危险后幸存"的体验，来激发自己的生命力量，确认自己可以在任何条件下存在下去。我们会看到无数的故事，故事中描绘的英雄去一个陌生的环境，遇到危险并身处看起来必死的场合，但在最后关头峰回路转，英雄死里逃生并且成就了伟大的事业。这就是出生时这种幸存体验在人类集体潜意识中的复现。探险的英雄们有一种莫名的自信，他似乎认为自己是不会死的，就算前程未卜，就算有死亡危险，就算他自己也不知道该怎么脱离，但是他相信必定会有转机让自己脱险。这种自信来源于出生：出生时的这一次生离死别的冒险中，他已经成功地保护了那个毫无防御能力的"自己"(就是"自性"所激活的那部分自我存在感),让"自己"幸存下来,不仅幸存,同时还在"自己"的外围世界里开拓出新的疆域(和"自性我"相对立的"非我"世界)。在这个过程中,他真正意识到了自己的强大和坚不可摧,并对生命存在产生了一种不可动摇的信仰。

所以,对英雄原型来说,两个最核心的品质是"勇敢"和"自信"。值得一提的是,这种"我必胜""我能够征服未知的危险"的信念,对个体的意识层面来说,是毫无理由、不可理喻的,但这个信念中所附着的能量,其实并非表面上看起来的自恋补偿的能量。由于这个表面上的相似性,以及现实生活中确实有许多有英雄原型的人同时也受到了其他心理能量的沾染,而表现得像是一个由于无知和自大、不知天高地厚的轻狂"莽夫",使得很多人误以为英雄原型是幼稚而自大的,认为英雄的所谓"勇敢"其实是由于无知才无畏的。然而,纯正的英雄原型并非如此,他们知道自己的恐惧,正像他们出生的时候体验到的那种对不可预知、不可控的陌生世界的恐惧一般。但是,"英雄"依然会带着恐惧投入未知的冒险,他们不是不知道恐惧为何物的勇者,而是明明知道恐惧却偏偏知难而进,面对恐惧,最终战胜了恐惧的勇者。所以,对于英雄原型,文学作品中常常见到类似"明知山有虎,偏向虎山行"这样的描述。与此同时,纯正的英雄原型的"自信"品质,也和"自恋"无关,这种自信其实不需要任何理由,因为它正是来源于超越了"个体小我"的存在感,来源于和那个"存在感"直接融合的体验,也就是个体在出生后所经历的突然之间发现"我还在"的那种最直接的自我存在感和自我存在确信感。所以,英雄原型的自信,严格地说,不是对自己确信,而是对"存在"的深信不疑。也正因为出生的这种置之死地而后生的亲身经历,使得英雄原型"不怕死"。因为,英雄原型知道,旧生命的死亡,只是一次惊心动魄的探险,它并不会真正毁灭存在感,只会让一个更强大、更独立、更完整的新生命诞生。

由于英雄原型的核心能量来自生本能,所以,从出生时被激活开始,它在个体的一生中持续存在。然而,关于这个原型,人们还普遍存在一个误解:它只会以勇武刚强的成年男子的形态存在。这是因为,英雄原型的精神特质是勇敢、强大、自信等,所以当我们把这个原型具象化成为一个人形意象之后,就成了一个最能够体现这些综合特质的成年男子的样子。我们人类总是基于自己的认知经验来给原型赋予一个具体的形象。说到底,意象,是我们用形象来表达某类心理经验的一种符号化语言,也就是说,选择用什么样的意象来表达,取决于我们对这个意象所积累的普遍的心理经验是否能够吻合我们想要表达的心理内容。基于我们对人类的普遍认知,很难把勇敢、强大、自信等精神特质赋予一个孩童的形象。在我们心目中,孩子是胆怯、弱小而依赖的,我们的刻板印象无法接受一个孩童模样的英雄原型。实际上,出生时出现的英雄原型在孩童身上也会被再度激活、呈现,只不过我们的刻板印象不认为那是英雄原型罢了。例如,在一个健康个体的心理发展进程中，会不可避免地经历几个所谓的"反叛期"。在那些"关键时期"，孩子们会表现得兴奋、爱冒险和追求独立。其中，兴奋、爱冒险是来自英雄原型，而追求独立是来自自性原型。在这两种来自生本能的原型的交互影响下，他们似乎开始挣扎着要离开父母的掌控（子宫），为自己开拓出一块新的存在空间——那是他们生本能的自然流露与表达，是一个健康成长的个体想要离开自己原来所依赖的旧世界、探寻自我存在的新空间的一种必然心理趋势。正是靠着这样的独立精神（自性原型的特质）和勇气（英雄原型的特质），一个生命个体才能够逐渐摆脱对父母的共生依赖，从幼儿成长为少年，从少年成长为青年，成为一个独一无二的独立的"我"，最终达到不同程度的自我实现。同理，在人类历史上，英雄出现的最常见的时代背景是"乱世"，就像个体出生时那被颠覆的世界一般。而一个真正的"英雄"的使命，几乎总是和"捍卫祖国的独立与完整"紧密相关。把"祖国"当作一个"大我"（大写的"自性"）来看，我们就会明白，那是因为，英雄这个原型，就是为了在"危在旦夕的生死一线"勇于担当，力挽狂澜，"重建自我存在的独立和完整"而存在的，就像个体在出生时靠着这个原型中的生本能重建了自我存在的独立和完整一样。

当然，勇敢、担当等这些更容易被注意到的品质并不是英雄原型的全部核心品质，它们只是那些核心品质中更外向化的部分。英雄原型更本质、更内向化的核心品质是"爱"。可以这么说，英雄原型之所以能够体现出生命本能中的勇敢、独立等深具力量感的品质，追根溯源，是出于这个原型中所包含的另一个重要的生本能品质——"爱"。这个"爱"，简而言之，是对"生命存在"的一种无条件的尊重和支持。所以，纯正的英雄原型都是"侠骨柔肠"的。

这种"爱"中包含着对"生命存在"的无条件尊重和支持，当其他"生命存在"的权利被某种强权所侵害或剥夺，却没有力量捍卫自己的时候，英雄原型出于这个爱，就会本能地去"捍卫"那些正在被侵害和已经被剥夺的"生命存在"。这种情境下，英雄原型的"捍卫"，就总是以"保护弱者"的形态呈现，因而英雄原型会有"担当"这个外显的品质。

英雄原型的一个重要行为模式是保护那些没有力量保护自己的弱者，那是因为，在出生的过程中，它最先保护的弱者，就是新生儿自己（自性的那部分自我存在）。从这个意义上，我们甚至可以说，英雄原型本身，就是为了"保护弱者"而存在的。这和另一个由自恋驱力而诞生的"救世主原型"需要有所区分：英雄原型关注的是"爱生命"，救世主原型关注的是"我能"。换句话说，英雄原型所追求的是让其他生命存在下去，是"生命的存在"，为了"生命的存在"，"我"能不能存在是次要的。而救世主原型追求的是"我的更大的存在"，拯救其他生命，是证明和实现"我的更大的存在"的一个有效途径，而"其他生命的自我存在"只是"我存在"的"附件"，不是救世主原型关注的焦点

(所以叫救世"主")。

说完英雄原型,让我们回到自性原型。原本精神化的"自我存在感",由于附着到一个新生的肉体上去实现,使得人有一个自然而然的倾向——把"我的存在"认同为"我的身体的存在"。我们可以看到,当这个认同发生后,出现了一个存在信念的置换,即原来的"我",被"我的身体"替换了。这就导致个体的一个根本性的迷失——从此以后,把"我的身体"当成了"我"。由于想要"我存在"是生本能的核心目标,因此再接下来自然而然发生的就是,个体把所有的生命能量都用来维持"我的身体"的存在。

在这个不知不觉的信念置换过程中,原来集体潜意识中的"自我存在感"就不再只是精神上的"永恒的存在",而是体现为躯体的"局限性的存在"。虽然精神化的存在感只能附于一个脆弱的、只能存在几十年的躯体,但这个已经有了局限的存在感依旧是生本能的体现。这个躯体化的生命只是一个有限的被创造物,既不是万能的,也不是永存的。这个躯体还有很多不能:不能飞翔,不能在水中呼吸,不能移动山脉,甚至在刚出生的时候都不能自如地移动自己的某一根手指。即使如此,由于"我的存在感"被投注于这个躯体上去体现,所以他还是无须任何理由地、无条件地爱这个有限的生命。因为这种无须任何理由的无条件的爱,他愿意为这个生命(新生的我的躯体)提供存在所需要的条件,让他能够如意地、尽可能长久地存在、成长。

"我的存在"是个体生命的核心目标,个体的整个生命过程的根本目的是为"我的存在"服务(更精确地说,现在已经变成了"为我的身体存在"而服务)。相对于"我的存在","世界"存在的意义只是为"我的存在"提供支持,就如子宫对胎儿的意义(唯一的不同之处在于,胎儿和子宫没有"我""世界"的分别)。而这种对"我"的偏爱,带来一种自我中心,导致个体在以后的现实生活中体现一种本能的自私——几乎每个人都更关注"我"的利益,当这个"我"的利益和别人的利益发生冲突时,会尽可能保护自己的利益,而不是完全公平地对待自己和他人的利益。

可能马上就会有人反对说:不对,很多母亲愿意为了孩子献出自己的生命,一些人也会为了伴侣、亲友献出自己的生命,甚至生活中也有人为了救助不相干的陌生人而献出自己的生命,这些现实中活生生的例子都说明自私并非人的本能。然而,对以上情况,如果我们用一种全然开放的、如实的、不带任何善恶价值评判的态度去看,就会发现,这些献出了自己生命的人们,所服务的对象依然是"我的"——我的孩子、我的亲友、我的信念。这些"我的",从本质上来说,虽然没有被直接认同为"我"这个肉体存在,但依然是"我的存在"的延伸。"我的存在"对个体来说只是一个虚无缥缈的概念,它需要许许多多更具体的内容来体现,就像一只完全透明的,无法被直接看到的杯子,如果想要证明自己真的存在,就需要把这个杯子里装进一些有形态的、可以被直接看到的东西。我们会发现：我的身体、我的孩子、我的家庭、我的财产、我的身份、我的权利、我的目标、我的价值、我的感情、我的作品、我的归属、我的信念和信仰……这些内容的总和构成了具体的"我的存在"的形态。也就是说，"我的"是具体体现"我"存在的"工具"。当然，对每个"我"来说，"我的"的内容都很庞杂，而在有限的资源和存在条件里，它们之间可能会发生尖锐的冲突。比如，当"我的肉体"和"我的信仰"二者已经发生了冲突，无法两全，要么我舍弃生命成全信仰，要么我舍弃信仰成全生命，这个时候，个体就会面临两难选择。当然，如果有任何可能性可以两全，个体都会设法创造条件让"我的肉体"和"我的信仰"一并存在下去，因为"我的"的内容被实现得越多，"我"就存在得越充分和完整。如果这种可能性已经被证明不存在，而"我"只能不充分、不完整地体现存在，那么个体就必须衡量二者中究竟哪一个更能够让"我的存在"这个目标被体现得更好。这时候，不同的个体依据各自的"我的价值观排序"，会做出不同的选择，但无论个体最终抉择的是成全"我的肉体"，还是成全"我的信仰"，从本质上来说，那都是最能够体现"我的存在"感、表达"我的存在"意义的最佳选择。

因此，从本质上来说，只要有对"我的存在"的不间断的追求，就必然导致个体呈现本能的自私倾向。当然，在极少数情况下，当真正的"忘我"出现的时候，也就是说当个体能够真正从潜意识层面也停止了对"我的存在"的追求的时候，完全没有自私的纯粹利他行为也是存在的。

我们这一章的内容是讲"自我存在感"，因此不得不一再提及"生"与"死"的话题。"生"与"死"，是和自我存在感直接相关的两种本能，源自"生本能"的那些原型（如上文所说的"自性原型""英雄原型"和下文将要提到的"赤子原型"）和源于"死本能"的原型（"魔鬼原型""死神原型"）有本质的不同："魔鬼原型""死神原型"都不肯接受人的有限性，而源自生本能的那些原型，会出于对有限生命的喜悦和信任，无奈地接受了人的有限性。这些属于集体潜意识范畴的原型，由于是纯精神性的，并不会受到有限存在的肉体的制约，所以原型本身是无限的，在原型范畴中，"我是永生的""英雄是不死的"。但是，一旦原型必须借着一个有限的躯体存在来得到体现，他们也随之成为有限的、不完全的体现。原型的生命是永存的，超越了时间和空间的，所以不论什么地域、什么种族、什么时代，原型都以自己独特不变的"本来面貌"延续着存在，但躯体是有限的，会死的。而自性原型和英雄原型，出于生本能所具备的对生命的无条件的挚爱，都能够接受这一点并爱他——泛化地讲，也就是爱人。

因此，受生本能影响的这个"肉体的我"，既没有魔鬼原型所体现出来的与生俱来的巨大愤怒，也并不打算"完全控制世界"，同时也没有那种死神原型所体现出来的绝大绝望，也不打算"完全控制自己的欲望"。他知道并且也允许这个世界中，除了"我"的存在和"我"的利益之外，同时也有别人的存在和别人的利益，只不过这个"我"，会认为自己的存在应当是世界和他人的存在的中心，自己的利益也应该比别人的利益更有优先权。这个通过"肉体我"而具体体现的"我"已经不是原型，而是一个具体的、个体化了的"人"。

自性和英雄两个原型都是有使命感的。这两个原型的使命有一个共同之处，都是为了"自我存在感"无条件地提供服务。二者的不同之处在于各自的方式：自性原型的使命是让"我"的各种潜质最大化实现，从而体现"自我存在感"；英雄原型的使命是通过保护和捍卫另一个"生命存在"的权利而支持"生命存在感"的延续。二者相比，自性原型是自我中心的，而英雄原型则是利他的。

而"赤子原型"是在这样两个原型的无条件的对"自我存在感"的支撑和保护下，被激活的另一个源自生本能的原型。在赤子原型中，最根本的核心特质是"信"和"爱"。

先说说"爱"的特质。这种"爱"，是一种毫无造作的最原发、最自然的积极情感投注，它的投注对象是"我"身外的"环境"。这种天然的倾向，来源于胎儿期个体与母体共生的那个阶段。虽然在那个时期胎儿和母亲在感受上是融为一体、不分彼此的，但在胎儿的深层潜意识中，依然会有一种模糊的、没有明确边界的"我感"。而赤子原型中的爱的基本能量，就是这种依稀模糊的没有明确边界的"我感"对依稀模糊的没有明确边界的"子宫"所产生的爱的感受。而这种对子宫的爱的感受，会与母亲对胎儿的爱的感受融合成为一体，而一并体现在被激活的"天堂原型"中。所以，我们认为在那个时期，"赤子原型"并没有被单独激活，这个原型中爱的能量与天堂原型中的爱融合为一体存在，就像在伊甸园的时候，虽然已经有了亚当、夏娃，但在他们的感受中，并没有个体的、作为"人"的"我"出现，亚当、夏娃作为上帝的一部分存在着，而伊甸园中的"爱"，则被认同为"上帝的爱"。在亚当、夏娃被逐出伊甸园之后，"人"的"爱"才真正被"激活"了，而在离开伊甸园之前，他们的爱就是上帝的爱，没有分别。

因此，当胎儿被迫离开子宫，也就是人被迫离开伊甸园之后，原来"天堂原型"中的"爱"也不复存在了。一段时间内，新生儿被出生这个巨变所带来的恐惧、焦虑等消极情绪情感完全淹没了。在这个阶段，原来的"爱"的感受也随之被完全吞没掉了，这时候，个体是感受不到"爱"的存在的。一段时间后，汹涌的潮水退去，自性原型和英雄原型被激发，生本能水落石出。这时候，由于有自性原型和英雄原型的双重支撑，个体已经不再淹没于恐惧、悲伤、愤怒、绝望、无助之中了。突然之间，一种爱和被爱的感觉浮现出来——他在自己内部再次感受到了在胎内所感受到的"爱"的存在。然而，此时这个"爱"的感受已经无法再和天堂原型绑定在一起了，因为"天堂"已经不在了。于是，个体开始意识到，这个"爱"是"我"的。当个体开始把这个离开了天堂而依旧继续存在的"爱"认同为"我的"的时候，赤子原型就被清晰地激活了。

再次拥有了"爱"，就仿佛又回到了那个熟悉的子宫、失落的天堂。个体感到心中充满了快乐。由于此时他已经拥有了身体，而这身体上的一些他所不熟悉的感官（比如耳朵、眼睛）正在向他不断输送各种信息。好奇怪，这些东西是什么呢？他开始注意这些陌生的信息，感到新鲜和好奇。这可是他人生中的第一次探险呢。很快他就留意到除了自己之外，还有一个"新世界"存在。显然，这次探险已经让他独自成功地学习到了一些新东西，这让他很快乐。他快乐地继续独自探险，不一会儿，在生本能的驱使下，这个小生命就已经开始笨拙地尝试着使用这个肉体来打量四周，倾听四周。

这时候，个体已经拥有了自性原型对自我存在感的支撑和英雄原型的强大护佑，他没什么可担心的了。于是，他产生了一种完全可以把自己托付出去交给生命（生本能）的安全感，这就是赤子原型所体现的另一个核心特质——"信"。由于这种全然的信，赤子原型的一个特点是，它会毫无畏惧、毫无怀疑地把自己托付出去，就像把自己再一次托付给"子宫"一般。因此，"赤子原型"的一个具体意象就是"愚人"。在塔罗牌中，这个"愚人"意象常常是一个从空中跳下的小孩子形象。这个小孩子不是被别人推下去的，而是自己主动"从高空跳下"的。这象征着个体出生之后，第一次快乐地主动尝试使用自己的"新身体"来探索外界的心理经验。这个天真至极的傻小孩，不但不知道害怕自己会摔死，也不怀疑下面有没有什么东西会安全地接住自己，而且还快乐地张开着双臂，做出"拥抱"的样子，因为他深爱着这个世界，就像母亲与胎儿一体的爱、上帝与人一体的爱一般。这种"一体感"的爱，就是我们先辈称为"天人合一"的感觉。当然，这个天真的傻孩子并不会真的摔死，因为此时，在这个傻孩子的全然的信赖与托付背后，还有一双注视着他的眼睛，这就是"英雄原型"。这个伊甸园的捍卫者，同时也是这个天真孩子的保护者。

而在赤子原型中，这个自然而然地"投向母亲怀抱""拥抱大地""回归自然"的倾向就是"重归伊甸园"，也就是胎儿想要快乐地重归子宫天堂的本能，同时也隐含着这个原型中的一种愿意出于爱和信任而毫无保留地投身出去的无畏。

值得一提的是，赤子原型中的爱，并非只是自我中心的，而是对"自我"和"外界"对等投注的，因为这"爱"的源头是上帝的大爱，是天堂的不分彼此的爱，是母亲子宫中母婴一体的爱，所以，它表现为一种纯洁而天然的自爱，也同时表现为一种纯洁而天然的对大自然、对他人和世界的爱。赤子原型中的"信"，也同样来自伊甸园中尚未"堕落"的人对上帝的信，来自胎儿对子宫的信，所以，这信是全然、纯粹、自然而无须任何理由的，这信不可思议地简单、纯真而又不可置疑。由于这样的信存在，所以赤子原型可以毫无畏惧地把自己托付给自然、上帝、大地母亲。这个原型对自然、上帝、大地母亲的爱也同样纯真而不可置疑，这就使得这个原型有一个自然而然的倾向，就是要把同样的、全然的爱给出去，给予那些给了它爱的对象——上帝、自然和母亲，而它选择的方式就是把自己付出，全然地、毫不犹疑地付出，让"我"的爱重新融入上帝、自然和母亲的大爱中去。因此，赤子原型也有一个使命——就是当生命有了小"我"之后，要把这个小"我"的存在感托付给大自然，通过融为大自然的一部分而获得存在感。也就是说，赤子原型的使命是让小"我"重归上帝和伊甸园，回归自然，与大地母亲重新融合。因此，赤子原型除了"愚人"意象（这里的愚人是那种"傻人有傻福"的愚人，而不是愚弄别人的人）之外，也可以体现为"自然之子""上帝之子"（包括耶稣、婴儿时的摩西等）这一类的形象。

赤子原型并非只有西方才有，在我国古代，道家理念的基本原型就是很纯正的"赤子"。因为不分人我彼此的同样品质、同等能量的"爱"，所以没有自私自利，可以"无我"；因为全然而不疑、无畏的"信"，所以无须控制自己或世界，可以"无为"；因为全然把自己托付给一个比小"我"更大、更永恒的存在，所以不需要精密的头脑计算，可以"大智若愚"；因为追求生命存在感本初的融合，所以可以"天人合一""道法自然"；因为有着大自然这个"大子宫"的滋养和厚爱，道家修行者中"鹤发童颜"的老寿星大有人在（老寿星是赤子原型和智者原型的结合）。

在现实中，受赤子原型影响的个体，所表现出来的基本人格特点是：天真、自然、无知、好奇、无畏、生机勃勃、充满希望、毫无保留、深信不疑和完全发乎本能的爱。而这种对他人和世界的"深信不疑"，在现实社会中常常会显得盲目、不可理喻，被人们当作"傻瓜"来嘲笑。但是，受赤子原型影响的人并不在乎，他会依然快乐地选择勇敢地纵身一跃，将身心毫无保留地投向那个他所挚爱的和信赖的事物。奇怪的是，他们似乎有着超乎常人的知觉或运气，到最后，总是莫名其妙地"傻人有傻福"。比如，在《天下无贼》里那个"傻根"身上，就体现出赤子原型的人格特质。

中国古代神话传说中，常常可以看到这些与现实人格特质相吻合的影子。比如"人参娃娃"，象征着这个原型中"不死的生机"，以及"可以随时与大地母亲融为一体"。

神话传说，虽然表面上只是些虚构的故事，表达的却是人类集体潜意识中存储下来的真实得不能再真实的人生历程。在这样一个巨大的、异己的世界中，一个有限的生命的存在，如同神话中经常有的隐喻，一个新生的孩子被放在木盆中，随着生命境遇的河水四处漂流，虽然这会让我们这些成人感到无比的担心和焦虑，但是对一个天真无邪的孩子来说，这是充满了新奇的、令人兴奋的探险之旅。人生就像一枚硬币，焦虑的一面永远和喜悦的一面并存。和焦虑同在的，也有这样一种喜悦存在。

对于个体来说，越早期的那些存在经验，越能够对他以后的人格形成、架构与发展过程产生重大的影响。因此，我们认为，如果有足够好的胎内孕育环境，出生的过程也足够好，再加上一般来说一个健康的新生儿本来的生机也比较旺盛，被激发出来的生本能的力量就比较容易占据主导，并成功地化解死本能对个体的一部分影响，使得新生命带着更多的喜悦和快乐来到这个世界。而这份源发于生本能的喜悦和快乐，将作为祝福他到来的第一份珍贵礼物，为他今后的每一幅人生画卷铺上难以磨灭的明亮、温暖的底色。

上帝原型、道原型

新生儿还会遇到一种新的人生经验，那就是看到"我"不仅还在，而且我的意志会得到实现。

当他产生了一个欲望（"我要……"）的时候，现实中，虽然孩子做不了什么，但父母很可能会察觉他需要，并且主动满足他的需要。这个时候，新生儿的需要被"自动地"满足了，他会产生一种喜悦的感受。在欲望自动地得到满足之前，他做的事情就是意识到"我要……"，因此"我要……"和"我得到了……"这样的"因果"，会让新生儿下意识地认为自己有一种神奇的力量，可以影响外部的世界，让外部世界按照他的意志来呈现。

意识到自己有意志，而且"我的意志"还会影响外在世界，并且会在外部的新世界被实现，这种"心想事成"的心理经验激发了一种"我全能"的感受，于是上帝原型被激发了。

什么也不需要做，单凭"我的意志"就可以带来外界的改变，并带来某些原来没有的新东西，这个纯精神化的过程就是"创造"，上帝原型的核心就是这样的"创造"。

面对出生后的情境，"死神原型"希望回到过去的子宫中，"魔鬼原型"希望再造一个仿品的子宫，而"上帝原型"欣喜地迎接这个世界中蕴含的无限可能性，不期望回到子宫或再造个旧样子的子宫，而是希望创造一种新的生活——包含着未知的，让人惊喜的新生活。从这个意义上来说，死神和魔鬼两个原型所投注的心理能量，朝向的都是"过去"，而上帝原型所投注的心理能量，则是朝向未来，所以上帝原型的本质特点是"生生不息"的"永恒创造"，这种创造是生本能的一种体现。

上帝原型的激活，来自于新生儿失去了旧世界（子宫），面对一个全新世界时的第一次"心想事成"，这个心理经验和胎儿在子宫里"心想事成"的经验相吻合（虽然在胎内，胎儿还没有明确的自我与世界的分化，也没有一个"世界"作为被创造物来镜映"造物主"的意志），因此在"创造"的那个瞬间，新生儿也像在胎内一样，没有"我"和"世界"的边界，只有一个"我的意志"在，然后这个自我意志一念生起，"世界"就自动地生成了这个意志想要的那个样子。因此，在创造的时候，个体与未知的世界在精神上融为一体，全然地向无限的可能性开放，就像他的自我意志全然地向无限的可能性开放一样。因此"创造"也是没有预期的，是无限的，是无所不能的。在"创造"的那一刻，我们就和"上帝原型"在一起；当我们看到"新世界"以符合我们意志的样貌呈现出来的那一刻，借助我们意志的"被创造物"，我们也就清晰地成为"创造者/上帝"。"被创造物"（世界）的样貌和"创造者"（上帝）的意志是一致的，因此，创造者会与被创造物产生"一体感"。这个状态就是马斯洛所说的那种存在状态——在创造的刹那，一个个体是无限的，因此是超越了存在焦虑的。这就是马斯洛所说的"高峰体验"。

与上帝原型不同，魔鬼原型和死神原型不是无限地创造，它们的终极目标是"回到"宫内的"具足"，而无法创造出比宫内已有的具足更多的快乐和满足，也就是说，它的本质是"挽回损失"，而没有创造任何"新收益"，没有任何"新生"的可能性，因此我们说魔鬼原型和死神原型的根本动力是"死本能"。

创造者的一个特点是"知足常乐"。这里所谓的"知足常乐"和我们日常的理解不同，这里的"足"并不是说有了多少条件我们就"足够"了，而是说，我们在生活中创造的那个当下，由于创造本身所具有的无限可能性和全然开放性，使得我们有具足感，因此我们是"乐"的。魔鬼原型以为必须抓住和子宫里一模一样的条件才是满足，死神原型以为必须放弃新世界里的一切回到子宫里那样的条件才是满足，实际上，每一个创造的瞬间都是和无限性在一起的。和无限性在一起，不受有限性的束缚，这才是具足感的"足"。也就是说，"足"并不是说我手上有多少东西才能满足，而是说我没有被局限，我拥有无限性（的感觉）。

我有多少东西在手中，我得到了多少，我有什么条件，这个"足"可以称为"满足"；我感受到我拥有无限，这个"足"是"具足"，"满足"至多只是对"具足"的模拟。

需要一提的是，还有一个只是作为全然接纳的"感知者"而存在的原型，我们姑且把这个原型命名为"道原型"。

道原型的核心就是全然的、毫无评判的感知。每个个体都有着与生俱来的感知能力，这种感知的能力，在胎儿的时候就具有了，能够"感知到"胎内的环境。感知到胎内环境之后，个体通常会产生对这个感知到的胎内环境的好恶，从而激发天堂和地狱两个原型。部分胎儿由于这个"道原型"的影响，他们有时并不在心理上有继发的爱憎反应，仅仅只是接纳这些环境状态的存在。也就是说，他全然地、不加评判地感知所经验的一切。他会感到有一个能感受到这一切的主体的存在，于是他有了一种"我感知故我存在"的感受。

如果个体有这个道原型，那么在出生的过程中虽然会产生各种各样的心理经验，激发情绪情感反应，并激发出各种与生存境遇相呼应的其他原型，但与此同时，这个道原型也使个体不受这些生存境遇的影响。对这个原型来说，出生带来的各种感受，和个体在胎内经历天堂或地狱的各种感受一样，并没有本质的差别。这个"无差别"使个体并没有认同出生这个境遇所带来的"死亡感"，因为那个感知主体也的确没有随着出生而消亡，这就是这个原型中的"无条件存在"所带来的"长生"感。

所以,"道原型"在人类集体潜意识中所呈现的意象,常常是长寿老者的形象。在前面我们讲的其他情况中,那些没有这个道原型的胎儿,会由于认同了胎内的自己和环境(这时候自己和环境有一体感,但也有对二者的依稀分别),当出生时旧的自我和环境不在了,他就会以为原来的"我"和"子宫"也一并随着出生这个过程而丧失了。也就是说,没有道原型的胎儿会认同出生所带来的"旧我已死亡"的感受,只是后来,他又惊喜地发现自己"还在",从而激发了源于生本能的那些原型,如自性原型、英雄原型、赤子原型等。在这个原型影响下的个体,在胎内就感知到了环境是在不断变化的,但同时也感知到,不论怎么变化,"我感"自始至终存在,并没有差别,所以在出生时也不会以为"我的存在会随着环境的变化而变化(死亡)"。由于持续感知到"我一直在",使得他在出生的过程中有一种"处变而不惊"的从容感,没有惊喜、恐惧或悲哀等对出生境遇产生的各种继发情绪。

老子就是这样,他在胎内81年的寓言,实际上正是对这种无条件存在状态的一种隐喻。并非他的肉体真的在胎内孕育了81年,而是他不论身体出生前还是身体出生后,都是纯粹地处于感知状态中,并对感知到的一切无条件接纳,因此从精神的意义上来说,"出生"对他的存在状态并没有产生任何真正的影响。

总结起来,出生后有些个体可以通过个体的"创造"来和"上帝原型"在一起,通过把自己认同为没有条件限制的"创造者"而成为"无限的存在";有道原型的个体则有另一条道路,那就是继续做老子那样的"感知者",通过把自己认同为"被创造者",并通过全然地体验、接纳每一个时刻中的"无限可能性",通过感知到"我无条件地存在于有无限可能性的环境中"而成为"无条件的存在"。而"无条件存在感"本身,对个体来说也就是一种具足感。换句话说,上帝原型和道原型都可以让我们得到"无限的、无条件的存在感",和由此而来的"具足感"。

"无限的存在感"可以通过"无限的创造"来实现,也可通过"感受并接纳无限的可能性"而实现。源于生本能和死本能的原型对离开子宫持有截然不同的态度:死神原型的基本态度是"我要离开新的世界,回到子宫";魔鬼原型的基本态度是"我要把这个世界改造为原来的子宫";上帝原型的基本态度是"我要造一个新世界";道原型的基本态度是"我无条件接纳原来的子宫在不断变化,也无条件接纳现在的这个世界在不断变化——对我来说,它们之间并没有本质的不同,我的本质也并没有不同"。

出生认知烙印

出生过程中呈现出的模式,会在个体的一生中不断重演。我们发现了这样的规律,别的心理学家(如格罗夫)也发现了这样的规律。为什么会这样呢?

社会心理学研究发现,人与人的第一印象,对这两个人互相之间的态度和相处模式影响很大，称为"首因效应"。出生，是个体对这个世界以及这个世界上的人形成第一印象的时刻，影响当然会非常巨大。也就是说，出生让个体对自己要生存一辈子的这个世界形成了最原始的"第一印象"。虽然所有的第一印象都会对个体产生重要影响，但是出生对个体产生的影响，和一般的第一印象对个体产生的影响还是有质的差异的。这个差异就是，出生印象是"近乎绝对的第一印象"：我们在出生前虽然也有一些感官的活动，但是由于子宫环境的限制，总体上感官活动还是比较少的，不完全的。而且在胎儿期，我们的需要可以直接被母亲所满足，不需要为了生存去和外部世界互动，因而也几乎完全不需要符号化的认知活动。此阶段虽然也会发生一些认知活动，但没有"为了生存"的目的性，因此只是一些最简单、最自然的认知活动。出生之后，和世界互动就成了我们生存下去的必要条件。为了和世界有效地互动，以便更有利于生存，我们就产生了初步的认知需要。出生以后，我们作为新生儿来到这个未知的世界中，我们睁开眼睛看到了世界，我们的耳朵也可以听到比子宫内部多得多的声音，我们的皮肤接收到了温度、湿度、硬度等明显不同于胎内的体验……感官输入的信息海量增加，使得我们的认知活动也变得复杂起来。出生，可以大致上被认定为我们的复杂认知过程开始的时刻。

在这个时刻之前，我们几乎没有任何真正的认知模式。"认知"和"感知"不同：粗略地说，"感知"仅仅是个体接收外界的信息，并没有对信息进行后续的加工;"认知"本质上就是对接收到的信息进行加工。

出生时,个体对世界进行第一次认知,形成了他与世界互动关系的第一个印象"模板",这个模板是出生后个体心灵中的第一个深刻的认知烙印,是个体在一生中,唯一的一次在空白中建立的、完全不受过去"观念"影响的"认知"。"世界"是什么?"世界"和"我"的关系是怎样的?经过出生的第一次认知,这些就会在个体心灵中形成第一个基本的"烙印"。这个对世界的第一个"烙印",就成为个体贯穿一生的基本认知背景,也就是说,对个体来说,他对"世界"的认识,从"零"到"有",实现了一次质变。由于出生经验在一片空白中留下了一个"有",个体对这个世界再也不会是完全"无知"的了。于是,这个"知道了一点",就使得个体此后的认知失去了"全然的开放性"。在个体以后的人生经历中,面对每时每刻世界呈现出来的海量信息时,认知器官的有限性使得他无法同时对全部信息进行加工,于是就出现了下意识的信息采择。也就是说,面对同时呈现出来的海量信息时,个体下意识地只对一部分能够即刻引起他关注的信息反应,而其他的绝大部分没有马上引起他关注的信息就被过滤掉了。这个信息"过滤器",就是"出生认知烙印"。

为什么会是这样的呢?因为,我们通过眼睛、耳朵、鼻子、舌头、皮肤等各种感觉器官来采集信息,每时每刻,这些器官都在同时采集着各种不同的信息,而世界的信息又是瞬息万变的。

我们的核心认知处理器——大脑，虽然运作已经很快了，但依然需要一定的时间来针对某一信息进行存储、运算等加工活动。这就导致我们的大脑不可能同时对扑面而来的海量信息进行加工，必然有所选择。认知心理学的研究结果发现，外界的信息，首先必须经过"注意"，才能够进入我们的大脑被加工编码。同时面对不同的信息时，什么样的信息才能被我们"注意"呢？一般来说，是我们已经熟悉的信息，和我们虽然不熟悉但会让我们感受到某种刺激的信息。对新生儿来说，出生是一次巨大的"刺激"，和这个刺激有关的许多信息，在出生的过程中，已经被他的"注意"所采撷，然后被大脑编码、存储了。经过第一次认知加工后所存储下来的信息，就成为个体第一次认知图式的基本模板。一旦信息被存储过，"信息再认"功能就会启动。在此之后，当个体继续面对应接不暇的海量信息时，在没有特别的刺激性信息出现时，那些曾经被出生"激活"过的信息，由于"再认"功能的启动，就会更容易被个体从万千信息中识别和注意到，并再次采撷、加工、存储。经过再次的加工、存储，原来的信息有了一点儿"更新"，同时也被"确认存在"了一次……粗略地说，这个过程的一再重复，就形成了我们对世界的认知和我们与世界互动的"模式"。

从这个意义上来说，"出生认知烙印"是一生中唯一一个在空白中建立的认知模板。除了这个认知模式之外，我们一生中的每一个认知活动，都是在过去的认知模式的基础上进行和延续的。

按照皮亚杰的理论,如果新的认知和旧的认知类似,新的认知会被旧的认知吸收——我们会觉得新的事物归根结底还是旧事物的一个变式而已,这叫作"同化"。只有当新的认知和旧认知出现巨大不同了,我们才会进行认知乃至认知模式上的一个"革命",毅然转变为一个新的范式,这叫作"顺应"。还有,旧的认知如果是一个很明确的命题,那么新的认知很可能和旧的认知相互抵触,从而迫使我们在"革命"(认同新命题,推翻旧命题)和"再确认"(保持旧命题,否定新命题)之间做出抉择。但是,如果旧的认知是一个很泛泛的命题,那么新的认知就很难和旧的抵触,因而不大需要"革命",只需要在二者之间通过"具体化"和"细化"来达成同化。例如,"男人长胡子"是一个明确的命题,一旦我们看到不长胡子的男人,就需要一个新的解释才觉得行得通。而"世间万物无非阴阳"这个命题就比较泛泛,我们可以把很多不同的东西都和谐地套进阴阳的框架,使原有认知框架得以丰富,并不产生冲突:我们似乎不可能证伪"世间万物无非阴阳"。因此,对类似这样的泛泛的认知框架,我们更容易同化而不是"革命"。

出生经验,是我们出生时的第一个认知,在它之前什么都没有,因此它是什么样子就不会受到前面的其他认知的参照和质疑,它不需要同化于已有的认知,而它之后的认知都要做出选择——同化于它,或者"革它的命"。出生的第一时刻,我们的认知方式不是那种很明确的逻辑思维,而是很泛化的感觉运动型的认知,所以出生时的第一个认知用来解释任何事件都能大致说得通,因此我们一般也不需要去"革命",而是把后面发生的任何生活事件放入它的框架中进行细节化、具体化的同化,这样不断同化的结果就使得出生印刻上的第一个命题变得越来越清晰、越来越强化和确定。现在我们知道为什么第一个认知对一生影响巨大了。

与外部世界的第一次互动

出生时,我们第一次和这个世界上除了母亲(子宫)之外的人互动。在这个互动中,我们对他人形成了一个好的知觉或坏的知觉,从而构成了我们的最早的对外界他人的基本善意或恶意,这对我们未来的人际模式有很大的影响。

在胎内,我们是没有这种善意和恶意的分别的。虽然在外人看来,胎内的生活有好坏分别,但是胎儿并不知道胎内生活还可能有另外的样子。即使他在胎内的生活像在天堂或者如同在地狱,他也只是"在"这样的状态而已,他即使很痛苦也不会把这看作是"恶的环境",因为那时候他还没有好坏的概念差别。也就是说,在有一个"好的环境"经验作为参照以前,他不知道还有其他的环境,不知道世界中还有别人,还有别的子宫,不知道别的子宫中会有别样的生活。胎内没有别人,没有别的环境,不管是天堂还是地狱,由于没有任何其他参照,都是"本来如此"的单纯的存在,他的整个世界就是这样而已。他没有认知,所以没有对子宫好坏分别的比对和判断。

出生后就不同了，出生所带来的环境变化，使得我们有了一个"新环境"来和"旧环境"比较。多数人都会觉得，出生后的环境和子宫内环境相比很不舒服、不安全，于是子宫就被评价为"好"的环境，而这个世界则被评价为"坏"的环境——出生是一件"坏"事情。此刻，有了参照，对其中的不同进行认知比对之后，我们开始有了好恶评判。

出生后，当我们接触到第一个人，我们对他会有什么感受呢？这要取决于我们如何认知他了。

如果新生儿遇到的第一个人是助产士，我们可能怎么看他呢？我们也许会把他看作从妈妈身体里把我剥离出去的人，从妈妈身体里把我夺走的人，毁掉我的"好世界"和安全感的人，使我丧失了原本属于我的世界而变得不完整的人。但也可能，我们在出生后最不安全的时刻，助产士接住了我，把我包裹好，让我觉得他是一个"替代性的子宫"，是接住我的人（这就是一个人出生后最早的"被接纳感"的来源），缓解了我巨大的不安全感的人，在我的旧世界被毁掉后给了我新世界的人，在我濒临死亡的时候拯救了我的人或在死亡时刻给了我新生命的人。如果我们把助产士认知为前一种，我们会恨这个人，排斥这个人；如果我们把助产士认知为后一种，我们会爱这个人，依赖这个人。这或许是对第一个外人的原始善意和原始恶意的开始，也是我们对外部客体的基本拒、纳态度的来源。

那么，为什么对于助产士，不同的婴儿会选择用不同的视角去认知呢？这不全是偶然。或许，每个个体本身就有一个原始善意/恶意的倾向，有的倾向于把别人认知为好的，有的倾向于把别人认知为坏的。也许这和他的天性有关，也许这和他胎儿期的原始印刻有关，也许这也和助产士当时的一些行为有关。一个温柔的助产士，在我惊慌不安的时候给了我们雪中送炭般的安抚，因此更容易被看作好人、重建了我新世界的人；一个粗鲁的助产士，在我惊慌不安的时候增加了新的不舒服的刺激，因此更容易被看作坏人、毁灭我原有世界的人。基于这些影响因素，再加上个体的自由意志，最后形成了第一次善意/恶意的自我选择，并决定了对助产士的一个善意或恶意的认识，这可能会形成个体对外在客体的人际善意/恶意的最初的印刻，并泛化到未来的人际关系之中。根据这个最初的人际关系印刻框架，个体在今后的人际关系中，会基于自己对外界他人的原始善意/恶意，在人际态度上做出接纳还是摧毁的倾向性选择。这种接纳或摧毁的选择，其实也是个体出生后向第一个客体学习人际互动方式的结果。也就是说，如果出生的时候，个体感到助产士接纳了他，他就会如法炮制地对待别人，反之，如果个体感到助产士毁坏了他，那么他也会如法炮制地对待别人。

从象征意义上讲，死亡也正是接引我们到另外一个世界的"助产士"。因此，我们推测，这个出生时形成的原始善意/恶意，也可能影响到个体面对死亡、丧失的态度。也就是说，在面对生活中的死亡或丧失的时候，这个原始善意/恶意会使得个体在两个死亡原型（死神和魔鬼）之间产生倾向性。

其中，怀有原始善意者更倾向于接近死神原型，因为这个去另一个世界的"助产士"会给我们带来"回归子宫"、重新被"接住"的感觉，会缓解我们的失落感，所以离死神原型更近的个体更容易对死亡产生积极的、向往的态度。与此同时，由于永远离开子宫后被助产士"接住"的感觉，依然不如不离开子宫的感觉，所以死神的怀抱也只是个体在彻底放弃了回到子宫的愿望之后的代偿性选择。再加上出生时印刻的对未知世界的恐惧，使得个体在接近死神原型的同时依然带着对死亡的恐惧，对死亡的恐惧和对死亡的向往是死神原型的两个侧面。

在出生时怀有原始恶意者则更倾向于接近魔鬼原型。在他们看来，死亡是一个用不可抗力剥夺了他们原本拥有的完整感和具足感的外部侵略者，是把他们从无所不能、无所不有的永恒得到感中强行拖出来的暴力剥夺者和毁灭者，所以他们对死亡怀有强烈的敌意和抗拒，并同时对延续生命和"得到一切"有强烈的执着，而敌意、力量、摧毁，对永远拥有一切的强烈执着等特性，正是魔鬼原型的心态和行事模式。

对比这两类选择倾向的个体，倾向死神原型的个体的基本特点是：在态度上对死亡兼有向往和恐惧，在行为上表现为容易放弃和"被动接受"式的无所求，在情绪基调上显得悲观而沉静，但其内部核心情绪主要是对丧失的悲哀和绝望，以及与之一体两面的对得到的恐惧与不安全感。其潜台词类似于："得到也没有用,反正还是要失去,还不如从来没有得到过,免得得到了再失去只能徒增痛苦。"

而倾向魔鬼原型的个体的基本特点是:在态度上对生存和无限延续有强烈执着,不甘接受丧失,在行为上表现为"主动获得"式的激烈抗争和控制,在情绪基调上显得乐观而活跃,但其内部核心情绪主要是对丧失的愤怒。其潜台词类似于:"凭什么不是我的?!我就不信了,我非要到手/夺回来不可。"

这两类个体在日常生活中的表现,粗略地说,倾向死神原型的人会表现得比较像是抑郁类型的人,而倾向魔鬼原型的人会表现得比较像是躁狂类型的人。

与此同时,由于我们在出生的时候丧失了与母亲的共生世界(子宫),导致强烈的不完整感,而对这个不完整感的本能抗拒,又驱使我们下意识地希望回到与母亲的共生中去"修复完整感"。无论新生婴儿是否能够意识到与子宫的共生已经不可能实现,这个强大的驱力都会让我们迫不及待地与第一个他人进行代偿性的共生。因此,我们会认同(是"一致性认同"而不是"反向认同")我们在世界中遇到的第一个他人,并且通过这个融合性认同而"与他成为一体"(即"我和他一模一样,所以我就是他、他就是我,我们就是一体的")——就像我们曾经与母亲一体——来代偿性地实现"共生"。于是,假设助产士是我们在这个世界上遇到的第一个"他人",那么,如果我们认为助产士是"接纳者",我们就会倾向于在未来的人际交往中也让自己成为"接纳者";如果我们认为助产士是"毁灭者",我们就会倾向于在未来的人际交往中让自己成为"毁灭者"。

这个"接纳者/毁灭者"的人际模式倾向,是我们原始善意/恶意的延伸。把自己认同为接纳者的人在面对丧失的时候,更容易亲近死神,因为对一个失去了世界的人来说,死神是一个"接纳者""安抚者",而这个身份界定就把死神(即"外部客体")和"那个毁掉了我世界的力量"分开来了,并且死神这个"接纳者""安抚者"是对自己心存善意的保护者甚至救赎者,认同死神原型的个体在人际互动中会更消极、被动,更多无奈、更少怨恨,对丧失持比较淡定的态度,甚至更容易对外部客体充满感激,在行为表现上显得内向而淡漠、回避竞争、容易"认输",一副郁郁寡欢或清心寡欲的样子。反之,把自己认同为毁灭者的人在面对丧失的时候,更容易亲近魔鬼,因为对一个失去了世界的人来说,魔鬼是一个毁灭者、暴力剥夺者,而这个身份界定就把魔鬼原型(即"外部客体")和"毁掉我世界的力量"等同起来了,因此个体对魔鬼充满了怨恨,他会把自己的丧失归咎于他人的敌意和过错,从而认为自己必须极力与之抗争以便"夺回天下",因此在人际互动中会更多外归因,导致情绪上更多怨恨、更少无奈,行为表现上更外向和活跃、更积极进取、更富有竞争性和不服输,有一股不达目的绝不罢休的劲头。

有一种人面对死亡或丧失的时候,既不倾向于激发死神,也不激发魔鬼,这就是那种以"道原型"为主的人。因为对这些人来说，出生的经历并不是一个巨变，所以死亡对他们也不是巨变。他们在去另一个世界的时候，死亡这个"助产士"是否善意，对他们来说关系不大。

早期生活（约3岁前）

每个孩子的心理发展速度都不一样，我们分阶段时，只能用大概的生理年龄来区分。所以，这里所说3岁前只是一个大概的范围，有些孩子可能是在两岁半就结束了这个阶段，有些则会在3岁之后。

根据不同的划分原则，人的一生可以分为不同的阶段：细致地分，就可以分得多一些；粗略地分，就可以分得少一些。我这里划分的阶段，不否定以前其他心理学家的划分，也和他们的划分不大冲突，只是为方便我表达而划分的。

早期印刻

关于婴儿心理发展，很多学者从不同方面做了大量研究。详细地引述与总结这些研究需要巨大的篇幅，而且也没有太多意义。因此，我们将略过这一部分，着重论述婴儿早期的生活。

婴儿当然能感受到他的生存环境——自然环境以及别人对他的态度等。婴儿的认知依旧很不发达，他依旧很缺乏用符号来认识世界的能力。天堂、地狱、上帝、魔鬼、死神这些已经被激发的原型，可以说是他心理世界中仅有的几种原始符号，但是这些"原始符号"并不适合后天的大多数认识活动，因为这些原型都是针对"一切"的概括化认知。天堂原型的概括化认知模式是把整个环境全部看作好的；地狱原型的概括化认知模式是把整个环境全部看作坏的；上帝是全能的；魔鬼是要控制全世界；死神是要放弃全部,等等。在这个时期,婴儿甚至不能同时想到天堂和地狱,不能认为环境的一部分是天堂另一部分是地狱,这些高度概括化的原始符号认知系统无法用来对世界进行更具体的、有效的"区分性认知"。

所以,除了这些原始符号之外,婴儿暂时还没有其他更具体的符号来认知世界,此阶段他们对世界的感知途径就是"直接地感受世界"。也就是说,他们全然地感受着一切影响到他们的东西,并形成一种内心的总体感受。这种总体感受是无法言传的,因为婴儿还没有形成任何更具体的、更有清晰分辨力的符号化系统,无法把这些总体的感受转换为具体、清晰、有分辨性的认知符号。因此,即使是成年之后,假如我们有幸通过某种心理修炼让自己回忆起那个阶段的感受,我们也没有办法用言语形容和表达它。如果我们强行用言语来表达它,就割裂、歪曲了这个总体经验。

在这里我也依然没有办法用语言去表达它,但是我的确曾经稍许感受过它。我的方法更多是通过自我诱导的心理退行,退行到了婴儿期,直接而全然地"进入"这个感受。个别时候,当我作为一个成人,自觉地共情感应一个婴儿时,也能感受到他的感受。如果让我用言语去粗略地描述,那种心理感受更类似于一种"氛围"或者说"气氛"。在感受不同年龄段的婴儿时,我会感受到不同的"气氛",我说不出这些气氛的区别,但能感受到不同。用成年人的语言来评价的话,不同的气氛当然是有好有坏的,有轻松的也有紧张的,有严肃的也有随意的……但对婴儿来说,这些词语是不存在的,他们只是"在这气氛的流水中随之漂流"。当然这种共情体验不仅仅是我自己感受过,也有其他人分享过高度类似的心理经验。在许多文献中能找到类似的描述,在我的研究小组中也有很多人曾经体验过这种感受。

虽然每个时刻的"气氛"都不同,但总体来说,一个婴儿处在其家庭中,在有某种特点的父母或其他抚养人身边,会有一个相对稳定的"气氛",或者我们中国人习惯说的"气场"。婴儿对它的感受是非常清晰的,而这个"气氛"也深刻地影响到婴儿的心理成长。对婴儿来说,这是他们心灵成长的存在背景。

但是,这种总体"气氛",不能仅仅归因于婴儿的父母或其他抚养人的个人特点,实际上带有原始印刻的婴儿对形成这个"气氛"也有自己的影响力,也就是说,这个"气氛",实际上是婴儿跟父母或其他抚养人互动的产物。尤其是一个婴儿和母亲这时还处于共生状态,所以婴儿的原始印刻对母亲的影响也很大,这个影响反过来又成为婴儿的心理环境。

这个"气氛"形成之后,会直接在婴儿的心灵上留下痕迹,不是通过认知活动和更具体的符号化,而只是直接地留下痕迹,如同在泥上留下脚印一样。泥没有认知也没有符号化,泥也没有任何想记忆脚印的努力,痕迹就这样自然而然地留在了泥上。这个"气氛"也同样在婴儿心灵上留下痕迹,仿佛婴儿的心就是一块软软的泥土。我把这个过程叫作"早期印刻",并称这个时候婴儿的心理状态为"软泥状态"。

印刻之所以能够产生，是因为婴儿有基本的"我"。如果没有我，经验将"流过"而不留下任何痕迹，如同镜子里的影像对镜子的影响一样。但是有"我"就不同了，因为他把自恋的能量投注到"所有我所经历的经验"上，经验也就在"我"的心中留下了痕迹。

早期印刻会成为一个人未来心理状态的背景。一般情况下，他终身都将活在这样一种"氛围""调子"之中。如果我们把一个人的心理状态比作一幅绘画，可以画出种种不同的颜色和图形，那么这幅画所用的纸并不是白色的，原始印刻会在上面涂上第一层颜色，而早期印刻又覆盖上一层颜色。像水彩画一样，早期印刻的颜色不会把原始印刻的颜色完全盖住，而是盖上半透明的一层，所以最终我们会得到一种由原始印刻和早期印刻共同形成的背景。

如果这个背景是明亮的，那么这个人终身将会有一种乐观、幸福的心理基调；如果这个背景是灰暗的，那么这个人终身将会有一种悲观、忧郁的心理基调。

因为早期印刻过程不是一个符号化的过程，因此后天所有用符号化的方式进行的想象、思维等认知活动，都不可能改变早期印刻。那些依靠想象或思维活动进行的心理治疗，也不可能改变人的早期印刻。这就像在画纸上画任何东西都不能改变画纸本身的颜色一样。如果一个人的早期印刻是灰暗的，并不是说他仅仅有一个"世界很灰暗"的观念，因此你也不可能通过改变观念来改变他。对原始印刻来说，也是一样。

对于被印刻上的一切，这个婴儿（以及他长大后的深层潜意识中）有一种感觉是"就是这样的"。如果印刻是明亮的，这个人终身会有一种乐观基调。如果有人问他，"为什么你这样乐观，为什么你觉得世界很美好"，他若深入体会自己的内心，会发现他不需要找别的任何理由，他只能说"世界本来就是这个样子的"。同样，如果印刻是灰暗的，这个人也会觉得"世界本来就是这个样子的"。他会全然地接受这一点，不会质疑和反对，因为他不知道世界还有可能是别的样子。这就仿佛过去的时代，奴隶或贱民是世袭的，那些生来就是奴隶的孩子不会想到要革命。虽然受到轻视，但他觉得世界本来就是这样子的。他没有比较，没有觉得世界会有另外的可能性，所以也没有改变世界的动机。因此，一个从小就被母亲持续虐待的孩子，心中会有一个地方承认："母亲当然就是要这样做的，没有为什么，本来就是这样的。"这种"理所当然"的态度，也使得我们非常难以改变这个印刻下的心理背景。

人继续发展成熟的过程中，会建立并使用一些符号，用符号进行认知。这些符号不同于"软泥"，符号具有稳定性，一个符号相当大程度上是不变的，是"硬"的。使用符号认知后，人的心理状态就会逐步离开软泥状态。离软泥状态越远，人就越少被印刻，也越不能影响和改变过去所印刻下来的痕迹。除了后文我们将讲到的特殊情况之外，对于绝大多数人来说，在原始印刻阶段和早期印刻阶段之后将很少有对这个世界的心理印刻。长大后的人，只会在某些局部有印刻。比如，第一次性行为会带来一个对性的印刻，这就只是一个局部印刻。

除了被激发的原型外，到这个阶段，儿童还没有符号化活动。接受印刻，只是一种接受，被印刻的内容也还没有被当作符号使用。

最初的符号化

和被动地被印刻不同，婴儿本能中有一种能力，可以在某个瞬间用更大的意志力来"注意"外界，从而像闪光灯亮了一样，在这个瞬间获得一个更清晰的"照片"。这是一个"抓取"的心理动作，就好比按下相机的快门一样，这个不定期发生的抓取动作，使得此刻的心理环境在婴儿心中留下了各种感官经验以及内部感受总合起来的"照片"，这个"照片"会留在记忆中。从动机层面看，婴儿之所以要抓取，也是因为他把自恋投注到了"所有我所经历的经验"上。这就像我们到一个地方旅游时要拍照一个道理，旅游时的照片能固定下这些经验，让我们觉得"我"的人生也被"保存"下来了。

抓取了许多张"照片"，并不会自发地产生符号，就如同一个孩子多次听到同一句曲调，如果他只是接受这个曲调，而没有其他心理动作，那么他每次听到时，都像是第一次听到一样，而没有意识到这次听到的曲调和上次听到的有什么关系。其实他这样感觉并没有错，严格地说，这个世界上不存在两次重复发生的事件。即使是同一句曲调，两次被我们听到时，一定是有所不同的。比如，音的强度会稍有不同，音色会稍有不同，当时的气温会稍有不同，等等。"人不可能两次踏入同一条河流，也不可能两次听到同一句曲调"，世界对他来说，时时刻刻都是新的。

但是，人类先天具备的认识潜能，使得符号化过程得以发生。符号化发生的前提有两个：第一，先天的认识潜质；第二，适合被认识的外在事件。

如果外在发生了一个事件，且这个事件和过去曾经历的某个事件很相似，以歌曲为例，孩子一次次听这个曲调，他可能继续被印刻，但由于先天的潜质，在他身上可能会发生另外一个事情，那就是有一次他突然产生了这样一个意识："这个（事件）是有过的。"当然，他还不会用这些词汇，他的那个意识没有用这个句子表达，而是无法表达的。只不过我们为了让大家理解，只好用这个句子来表达而已。

于是，他把以前的一个事件和当下的一个事件，把过去的一句曲调和今天的一句曲调，看作是同一个了。严格地说，这是一个错误，因为这两次听到的曲调是有微细不同的，至少这两次的曲子是发生在不同的时空。严格地说，这里发生了混淆或者说"染"，把两个不同的东西当作了一个。严格地说，没有一个两次出现的、固定的"曲调"这种东西，一切都是流变的，但是这里有一个"在变中获得了不变"。他认为"有恒常不变的存在",我们可以把这称为最初的"恒常性知觉"。这和皮亚杰等心理学家研究的那些恒常性知觉相比要发生得早很多,但是性质上是一样的,这个"恒常性"也非常不稳定。这也许就是佛教中的"法我执"。

这个恒常性知觉给了儿童一些安全感。原因是,儿童心中的"我"是恒常不变的,但抓取的心理印刻每次都不一样,而儿童又把"我"和"我的经验"沾染了,这样就有了矛盾:我既然是恒常的,我的经验又是我的一部分,我的经验为什么完全不恒常呢?这个矛盾让儿童不安。而当他从几次不同的印刻、不同的外在事件中发现了恒常性时,这个矛盾得到了缓解,于是儿童有了一定的安全感。

有了一个事件的恒常性,经验就开始被分割,而在这之前经验是完全混沌的。这之后,我们开始把某些经验从这个混沌中分割出来,当成一个恒常不变的实体对待了。这个实体出现、消失、再出现……于是(后天的)时空感也产生了。

有了这个分割,于是经验中有了不止一个事件。儿童又开始发现新的恒常性,那就是,事件 A 之后经常会随之发生事件 B,而不是事件 C、事件 D、事件 E,或者事件 A 旁边经常会出现另一个事件 B,而不是事件 C、事件 D、事件 E。

这个恒常性知觉给了儿童更多安全感,因为两个事件之间恒常不变的时空关系表明我们可以有恒常不变的期待,这也让我们有了一种可控制的感觉，它对"我"有用，它可以缓解存在焦虑。

现实中，也的确会出现这样的情况。一个事件发生后，另一个事件随之发生。每一次第一句曲调结束后，响起的都是第二句，总是不变，这就是让儿童可以恒常期待的东西。期待，然后被期待的事物如期出现，于是儿童的焦虑得到一次缓解，这带来一种完成感（格式塔的完成）。如果一个歌曲第一句曲调结束后，第二句这一次没有演奏，这个阶段的儿童就会很不舒服，因为他的恒常性没有被证实，他的存在焦虑会被激发。

一个事件发生后，另一个事件发生，而这种关系被儿童作为恒常性知觉到。这就是很早之前行为主义心理学家所谓的"条件作用"。每个被分割开的事件都成为符号，加上时间和空间作为坐标，各个符号之间可以有关系。而关系和关系之间，又可以有间接的关系，也可以运算。比如，A在B之前，B在C之前，而时间是线性的，所以A在C之前。

切割的方法，并不只是"条件作用"这样一种方式。实际上，先天预存的一系列"基本认知图式"在切割中起着作用。这些基本的认知图式是指一些基本的认知和逻辑规律，比如作为"条件作用"的基本认知规律就是"接近律"。如果两个事件相继发生，因"接近律"，这两个事件被看作是有关的。再比如格式塔理论发现：一张图上相互接近的一些点会被看作是一组。还有，格式塔理论中所谓的"好图形"原则认为：如果一个图形近似于一个

"好图形"，就会被看作是那个"好图形"。比如，一个图形近似于圆形时，我们会把它看作圆。这也是接近律。

另外，我们心中有预存的一些"符号"的原型（比如圆、方、三角形等形状），我们心中有它们的原型，后天只要有近似的图形存在，我们就认为它们是"圆""方""三角形"这样的符号。

有些符号的原型甚至是更为复杂的，比如荣格所发现的原型：母亲原型、英雄原型、生命之树原型……在这些先天预存或者说历史预存的原型的影响下，我们每个人切割自己的心理经验后所形成的符号大致都是一致的。由此我们产生了种种基本符号。

有一些研究可以作为辅证，比如，发展心理学家发现，还完全不会说话的婴儿，对圆形比对不规则图形更喜欢，他会更多地对着圆形笑。他还会对那种"圆圈里上面并排有两个点，下面有个横线"的图形笑——这个图形类似人脸。可见，圆形等基本图形、人脸的样子，都更容易引起婴儿的反应。这时候的婴儿还不认识任何东西，但是他更容易对那些和先天预存的形式接近的东西有反应，也更喜欢。

感知-运动性的认知加工，从此开始。关于这个阶段的认知规律，心理学中已经有了很多研究，这里不再赘述。只补充讲一些对心理咨询比较重要的内容。

(1) 作为"咒语"的最初语言

经验中，有一个很特别的部分，那就是语词。对儿童来说，这主要是一个声音经验的片段，并且和某个事物相联系。"妈妈"

是一个声音，这个声音联系着一个虽然处在变化中但是大体上稳定的对象。"奶"是一个声音，联系着的是一种更稳定的对象。

伴随着这些对象，儿童会有一些感受。某个对象的出现，往往带来相应的感受。而当对象和声音的联系建立后，这个声音的出现，也可以带来相应的感受。这就是最初的"魔力"之一：发出一个声音，就可以带来一种感受，这就是一种可控。另外，发出一个声音，还有可能让那个对象真正地出现，比如大喊"妈妈"，就可以期待真正的叫"妈妈"的那个人出现，这更是一种魔力，一种控制。这种控制对儿童来说，实在是太重要了。

一念，就可以控制事物，可以控制感受，这不就是咒语吗？

最初语言没有逻辑思维的复杂加工，其基本句式包括"什么是什么"，我称之为肯定性的符号化，比如"这是乳房""这是铃铛"；"什么不是什么"，比如"这不是吃的东西"，我称之为否定性的符号化。肯定性／否定性的符号化的作用是划清边界，界定出一些对象。每个对象都有相应的基本感受，界定出对象后，基本感受就会出现。

句式"什么和什么之间是什么关系"，比如"妈妈喜欢宝宝"，我称之为无条件关系的符号化。在儿童意识中，这种关系是必然的关系，这个关系仿佛是实体一样存在着。

句式"会出现什么"，比如"你会觉得很热"，这也是无条件的，没有为什么，没有理由，就是这样。

句式"如果什么则什么"，我称为条件性关系的符号化。条件性的符号化用来界定对象之间的条件性的关系，作用在于预测。这时有"条件"出现了，也就是有选择出现了。

动作指令句式"去做什么"，比如"吃奶吧""闭上眼睛吧"，否定性的动作指令句式，如"别哭别闹。"

否定性的动作指令，儿童理解是有困难的。"吃奶"儿童会，"不吃奶"是个什么动作呢？很久后，他们才会习得一个动作来对应"不吃奶"，比如当听到"不吃奶"的指令时，就闭上嘴巴，或者转头离开奶嘴。

动作指令可以是无条件的也可以是有条件的。最基本的动作指令实际上也是无条件的。你这样做，只是因为你听到了这样做的指令。这是孩子所接受的直接控制，这个控制之所以有效，是因为魔力——语言说出来了，就应该是这样做。但是到孩子大一点之后，动作指令也可以是条件性符号化的一个变式，其隐含的意思是："如果这样做了，妈妈就高兴；如果不这样做，妈妈就不高兴。"有条件的动作指令，也可以直接用条件性的句子说出来："如果你不哭，妈妈就给你吃糖。"其中，"不哭"是一个动作指令，"就给你吃糖"是交换条件。

最初语言和直接的经验相联系，所以，说出最初语言的时候，相应的情绪感受和动作反应等就会直接出现。实际上这也是因为一种混淆：儿童一次次发现，"糖"这个事物出现后，"甜"的感觉就出现。当"这是糖"的声音出现后，过去感受的"甜"的感觉就被唤醒，于是儿童就以为自己现在感觉到了"甜"。最初语言带来的情绪和感受的强度，往往是很大的。

最初语言不需要"理由"，它只是说出来就是对的了。因为这个阶段的儿童，还没有逻辑思维。当然，我们在外部观察，发现父母可能会说出错的话来。比如，明明是苦的药，妈妈骗孩子说是糖。但是，儿童在这个阶段，没有"父母说的话，可能是假的"这样一种意识。吃了药之后，他会发现和他的预期不同，这会带给他一个混乱，以及一系列的问题。这方面的内容以后再展开。

在最初语言中，不同语句之间的效果可以叠加，但是不能抵消。"你真可爱"和"你真讨厌"并不能抵消为中性。因为前一句激发的是一种"被人喜欢的舒服感受"，后一句激发的是一种"被厌弃的不舒服感受"，两种感受各自带来躯体反应，而这两种反应并不能相互抵消。

催眠中所用的指导语，非常类似儿童的最初语言。也许，这正是催眠的作用机理吧，先诱导一个人暂时性退行到类似1岁以下儿童的心理状态，然后用最初语言和他们说话，此时催眠师所说的话，被催眠者几乎都会无批判地接受。

反过来，如果我们想知道，对于1岁以前的儿童来说，语言的效果是什么，我们也可以参考催眠时的状态去理解。孩子很小的时候，父母对他们所说的话，都会带来情绪和感受，被孩子无批判地接受，作为"人生中的基本事实"看待，并对他一生都有影响。这些话也不能被儿童以后所发展出来的批判性的逻辑思维所修正。

(2) 躯体和行为层面的反应

最基本的反应是那些先天的反应模式,也就是所谓的反射性的行动。比如,奶头放在幼儿嘴里,他就会吮吸;天气冷了,他就会发抖并且竖起汗毛……

符号化出现后,就出现了"条件反射"。行为主义者不关心意识,所以他们没有提到的一个事情是,条件反射的产生,关键在于"认同"。符号化过程就是把过去的一个事件和现在的一个事件认同,把符号和相应的经验认同。因此,符号才可以带来以前必须用直接经验才能带来的反应。

1岁以下的幼儿,受到外界事物以及外界符号的刺激,这些刺激都会在他们的身上引起反应。这些反应也通过躯体表达出来,使外界的他人能够发现。他们对符号的反应,和他们对这个符号所代表的事物的反应是一样的。

如果外界对幼儿的刺激是对幼儿有害的,或者是不协调的,那么幼儿的反应方式就是(身体)生病。

比如,幼儿需要皮肤接触,父母和幼儿皮肤的接触,给幼儿带来的感觉是温暖和安全。在没有符号化的时候,皮肤接触带来了一种气氛。在符号化之后,有些符号同样可以带来皮肤接触的感觉。比如,用温和的口气说"乖宝宝",幼儿的感觉会如同被抱着一样。这是因为"乖宝宝"这个词,过去常常和被抱着时的身体经验同时出现。如果幼儿在逐渐长大的过程中得到了足够的皮肤接触,或者皮肤接触稍有不足但是通过"乖宝宝"这类的话补充了，其皮肤就会有温暖安全的舒适感。

但是，如果幼儿没有得到足够的皮肤接触，也没有谁对他说"乖宝宝"这类的话，他的皮肤就会感到冷并且可能紧缩，日久天长他的皮肤甚至可能出现病变。

再比如，一个幼儿被打过，同时也知道"打"这个字代表的是那种疼痛的感觉即将出现。于是当他听到"打"这个字的时候，他的躯体会像真的被打一样反应，比如身体缩起来，心脏跳动加快，肌肉紧张，焦虑并且消化酶暂停分泌，等等。经常在家中被责骂的孩子，日久天长就可能会得胃病或其他什么疾病。

情绪的种种反应，都对身体有影响。因此，幼儿的消极情绪积累，都可能带来某种疾病。这个时候发生了一个有趣的事情，那就是躯体的反应可以成为一种符号。

当外在的刺激可以符号化并归类时，反应也可以符号化并归类。比如，"被打""被呵斥""看到父母生气时的脸"等情况是一类，儿童一开始对这些情况是分别有反应的，但是如果这些反应中有很相似的躯体因素出现，这些相似的躯体因素（比如肌肉紧张、胃痛）就可以从经验中被切割为一个符号。以后，只要有某个刺激和那类刺激相似，就可以引起孩子的胃痛。胃痛成为一个符号，其意义大致是"我害怕"。即使当下没有这个刺激，只要儿童联想并感到害怕时，也会胃痛；胃痛成了表达情绪的一个"词汇"。

我们经常会看到，有些孩子小的时候经常生病，长大了才好一些。这些孩子往往就是情绪问题比较多的孩子，长大以后他可以用其他方法来表达情绪，但是小的时候没有其他方法，所以往往会表现为躯体的疾病。

不过，如果成年人用来表达自己的渠道不够通畅，依旧会用疾病作为一种手段来表达自己的消极情绪。比如，用胃溃疡表示"吃不消了"，用头疼表示"这个事情很难办"，用癌症表示"我不想活了"。

另一种情况是用行动来表达。虽然婴儿一出生就可以有简单的行动，但从总体上说，这种方式往往是在1岁以后，其行动能力增强后才会被使用。

行动表达的特点，简单地说，就是用某个行动作为符号来表达内在的感受（而且往往是夸大的，这样才能让别人容易理解）。比如，我们"盼望"一件好事情的时候，会抬起头，仿佛看着远处的好事将要到来的地方；会挺直身体，想象未来所带来的快乐让我们像打足了气的气球。失望的时候，感觉那股气会一下子泄掉，而我们也不需要再抬头了，这时会有一种"失落"感。我们会用夸大的动作——突然低下头，呼出一口气，人瘫缩起来——来表达自己的这种内在感受。

成年之后，我们也还会用这样的方式来表达自己。比如，极大的失望可能会引起跳楼自杀。当然，我们也可以用行动来表达一些积极的情绪，比如用舞蹈来表达喜悦等。

当躯体被当作基本符号，行动就可以成为对这个符号的运算或加工。因此，儿童的行动不仅仅是表达，也可以是符号加工。

摆弄身体某部分，就是这种行为。如果我这样，会怎么样呢？这个行为类似下棋，下棋时棋子就是基本符号，而我们通过移动棋子运算出可能发生的转变。儿童最早的"棋子"就是他身体的各个部分。

举个假设的例子，如果一个婴儿不幸生活在蜘蛛很多的地区，他可能会建立一种条件反射：蜘蛛出现在近处，随后自己感到了疼痛。不过，他也有过这样的条件反射：蜘蛛在距离比较远的地方出现，自己没有感觉疼痛。当蜘蛛出现在近处的时候，不希望自己疼痛的婴儿，会希望自己在离蜘蛛比较远的地方。于是，他尝试用意志去指挥自己的身体运动，结果发现，有些动作会让自己离蜘蛛更远。这个过程中，躯体这个符号，被一个运动改变了位置，这个运动改变了后来的事件。

因此，儿童很想知道，什么样的意志指令会带来躯体什么样的运动，这样的运动会带来什么感觉。于是儿童会摆弄自己的躯体，这样的运动就是信息加工，如果这些信息加工可以模拟或预演出一些事情，让我们以后在实际需要时能知道如何做，这样的运动我们叫作"运算"。

这里面比较重要的一件事是，他们还会"摆弄"自己的声带，发出各种不同的声音。当可以熟练地发出多种声音后，人就有机会学习语言了。

在同样的机制下，他也可以把躯体之外的物体当作基本符号，通过摆弄它们来进行运算和符号加工。但这个阶段儿童的认知活动，总体来说都是以自己的躯体、自己的感受为中心。和后来的认知相比，这个阶段的认知可以称为"自我中心的认知"。

因为躯体运动会带来感受，带来情绪，所以躯体运动认知也是一种情绪学习，学习"什么会带来愉悦"。

自我存在感

在这个时期最重要的事情是：自我开始了"符号化"的存在。

在符号化过程中，有一个特别的符号，就是"我"。一开始，儿童并不懂"我"这个字。但是，他会经常地听到一个声音符号，那就是这个儿童的名字，或者听到父母经常呼唤的"宝宝""儿子""闺女"等符号。逐渐地，他会意识到，这个符号对应的是"我"。

在胎内以及刚出生那些几乎没有符号化的时候，儿童也是有"我"的感受的。这个"我"也有一定的特点，他能感觉到这个"我"安全不安全，这个"我"情绪如何，等等。但是，那时的"我"总是作为一个主体存在，他感受，或者做他能做的行动；他有特点，但是他不会记忆这个特点——他是一个自在的存在，随时在经验中变化的存在。他的特点是存在的，但是并不被他自己所认识。

有了符号化之后，"我"可以作为认识的客体或者对象存在了。当然，符号化之所以能产生一个后天的"我"的符号，是因为先天预存的种种"原型"中，有一个最重要的原型，就是荣格所说的"SELF原型"（我原型），中文翻译为"自性原型"。

严格地说应该是：有了符号可以代表"我"，于是出现了"我"的符号，出现了"我"的符号之后，这些符号可以成为记忆、思考、信息加工的对象，这个对象也就是"作为客体的'我'"。

这个时候发生了一个认同，就是认同这个作为客体的"我"的符号，就是那个有感受、有意志的"我"。这是另一次混淆或者叫"染"，这个染的结果用佛教的术语表达就是：在"俱生我执"的基础上，产生了"分别我执"。

这是最初语言中最重要的一个命题："这就是宝宝"（或者"这是小明"，等等）。对应着这个词，基本的感觉是一种关注感。因为每一次听到这个声音，必定会发生某些和"我"的感受有关的事情。"这就是宝宝"，听到这个声音后，就可能会有陌生的脸出现在"我"眼前；"去喂宝宝"，听到这个声音后，就会有奶吃；"宝宝哭了"，听到这个声音后，很快会有人来哄自己……因此，儿童听到这个声音就会产生关注："什么事情要发生？"

儿童注意到，带有"宝宝"这个声音符号的事件，自己都能真切地感受到；不带这个声音符号的事件，自己不大能感受清楚。"宝宝饿了"，伴随着自己肚子处的不舒服感觉；"妈妈饿了"，伴随的是妈妈可能会离开引起的焦虑；"保姆饿了"，没有伴随什么感觉。因此儿童会关心这个词，因为这个词和自己的痛痒相关。这个词代表的感觉有时好——"宝宝睡觉觉"，有时不好——"宝宝拉稀了",但是必定和更强的感觉有关。于是,儿童逐渐能把这个词和一些感受联系起来,这些感受主要和身体有关,因此儿童又逐渐地能把这个词认同于身体。这是另一次混淆,这个混淆让儿童把这个身体认同为"我"。躯体本身成为一个符号,这个符号代表的意义是"我",也就是代表着那个意志和意识的主体,我们能量投注的对象。在这个过程中,许多心理能量被投到这个身体上。

当躯体成为代表"我"的符号时,基本的关注感就会附着于这个躯体,我们会关注这个躯体。因为这个躯体和我们的感受息息相关。

我原来写的一本书《人是什么》中提到,像原始动物一样的人的本初层没有自我认知能力,所以不知道有"我"。现在看来,这个说法是错误的。实际上,儿童刚出生时形成的人格层(即本初层),也是有认知能力的,只不过不是逻辑思维也不是原始的形象思维,而是一种感知动作式的思维,就是我们现在所说的这种符号化——咒语式的语言把语音经验和别的经验的切片连接到一起,构成一个组合。当其中一个再次出现时,就会唤起对另一个的记忆和行为反应。儿童用行动作为认知的加工手段,从而做出反应。因为有认知能力,儿童就会对认知对象命名,而最重要的认知对象,就是他们这时看到的那个"我"(在他们不知道"我"这个词的用法时,他们有"我"的感觉,但还是用"宝宝"之类的词来称呼),他们心目中的"我"就是这个躯体,以及这个躯体的种种感觉和行为反应。

先天的遗传、原型的影响、胎内受到的影响、出生的印刻、原始印刻等，都会影响到这个躯体的感觉和行为，使这个躯体有某种样子，而这个就被看作"我"。当然这个时候的儿童还不会解释"为什么我是这个样子"，但他可以知道"我是这个样子"。

自我存在感在这个时期表现为新的形态。

这个时候的儿童，因躯体的存在、躯体的感觉存在、躯体的行为存在，而有存在感。笛卡尔说"我思故我在"，后人发现他的说法在逻辑上是错误的，因为"思"只能证明"思"在，合乎逻辑的说法是"思故思在"，而不是"我思故我在"。但是实际上，这不是一个逻辑问题，而是一个自我存在感的问题。笛卡尔在思的时候，获得了自我存在感，所以他说"我思故我在"。这个时候的儿童，还没有逻辑思维能力，所以不能说"我思故我在"，但是他们有感觉和行动的能力，所以他们可以用这些来获得自我存在感。他们如果能总结的话，他们说的应该是："我的躯体存在故我在，我有感觉故我在，我能哭、能吃、能动故我在。"

进一步说，躯体的样子，就是"我"的具体样子；我的感觉的特点，就是"我"的特点；我的行动的特点，也是"我"的特点。举例说，一个人要知道在这个层面什么是"我"，他也许需要感觉到："我"很胖——"胖孩子"是"我"；"喜欢吃甜东西"——"喜欢吃甜东西的"是"我"；"讨厌嘈杂的声音"——"讨厌嘈杂声音的"是"我";"好动"——"好动的"是"我"……我就是我的样子，我就是我喜欢什么不喜欢什么，我就是我如何行动。

因此这个时期，被抱、被触摸等躯体接触的体验对儿童非常重要。没有这些躯体接触，儿童就很难建立稳定的自我存在感，他的生命力就会非常弱，就不能和这个世界建立联系。这样的孩子长大后自杀的危险就更大，患精神分裂症的概率也会增加。精神分裂症患者实际上从来没有真正生活在这个躯体之中，他们是一种"飘忽的精神性存在"。

被注视、被关注对儿童也非常重要。当儿童没有从自我的感受中找到自我存在感的时候，他尤其需要从别人的关注中找到自我存在的证据。"父母、亲人看向我，说明我一定是存在的"，这是一种间接产生的存在感。也许，以这种方式获得存在感的人，长大后会成为相对外向的人。

在长期的心理咨询中，或者心理咨询师的自我成长中，当需要让他们找到最早的自我存在感的时候，我会让他们回到"软泥状态"，并回答这些简单的问题："你喜欢什么？你不喜欢什么？你爱哭吗？你好动吗……"这有助于他们找到"最远处的"、最基本的自我存在感。如果一个人在他以后的人生中，总是"为别人活着"或者"按照别人的规矩活着"，他就会忘记这些问题的答案，只知道"我应该做什么"而不知道"我喜欢做什么"，他就会失去自我存在感。一个人的自我存在感很弱，他的生机就会很弱。如果他感觉不到"自我存在感"了，或许他会逐渐放弃生命——"反正我已经感觉不到我自己是个活人了",这是死神原型的影响。或者,他会挣扎着活——"我要做让我有存在感的事情,不惜一切代价",于是他也许会做让自己也让别人非常痛苦的事情,只为了感觉到"我还存在",这是魔鬼原型的影响。

因为"我的躯体存在所以我需要",所以儿童有"安全健康地活着"的需要。因为"我喜欢什么所以我存在",因此获得存在感的需要在儿童身上会体现为追求快乐体验的需要。因为"我不喜欢什么也反映了我存在",所以儿童需要拒绝不喜欢的东西,有"反抗的需要"。不论快乐或不快乐,儿童都需要有新体验,有新的体验,儿童才可以用这些新体验作为原料去生产那些"符号",因此儿童有"新体验"的需要。因为"我行动所以我存在",所以儿童有行动的需要,也有行动不受限制的需要,也就是自由的需要。这些都是儿童的基本需要。

补充一点,这个时期的儿童获得存在感的另一种方式,是通过和"非我"发生接触。被动的接触中,有时会带来好的感觉,比如被温柔地抚触,这个时候,儿童会感觉到"我在",因为"我感觉好",同时也知道了"非我"的存在,因为这个抚触是不是有,不是"我"能决定的,而是外界的另一个来源决定。反之,被动的接触中,有时也会带来不好的感觉,比如被打。"我"不能决定是否被打,这也是外界的来源决定,因此,儿童意识到"非我"的存在。通过"非我"对待"我"的行动,儿童间接地感到了"我"的存在,从而有了一种存在感。主动的接触中,儿童的行动有时会达不到效果，原因是儿童发现有其他的意志阻碍了"我"的意志，这时儿童也意识到了"非我"的存在，并且通过"非我"对"我"的行动，间接看到了"我"的存在。主动行动中，儿童发现自己的行动被外在意志支持，也可以使他们看到"非我"的存在并间接强化"我"的存在感。从这里就有了儿童对他人的两个最主要的需要：被动接触中，需要被爱；主动接触中，需要被肯定和支持。但是，即使是不愉快的接触也比不接触好，因为虽然不舒服，但毕竟只要有接触就有存在感。被忽略的孩子是最难受的，因为他完全不能在和外界的接触中得到对存在感的证实，因此，他们会追求被关注（哪怕是消极的关注），他们产生了一种"被关注的需要"。

这些需要得到满足，就会获得最早的在符号化存在中的自我存在感，这个符号化存在中的自我存在感，对一个人一生中的人格建构极为重要。

个体的需要得到较多的满足，从而一次次感觉到自我存在，这给儿童带来满足感。儿童会追求这种满足感。而这种追求是不是成功，决定了儿童最初的自我效能感。

儿童有"安全健康地活着"的需要，需要吃饱、温暖、安全。这些需要被满足与否，实际上取决于儿童的养育者而不是他自己。

不过，1岁以下（也就是弗洛伊德所说的口欲期）的儿童也许并不清楚这一点。因此，如果几个月大的孩子想吃，就有奶来到；想暖，被子就上身……他不知道这是因为有妈妈，他会觉得自己似乎有一种神奇的魔力，可以心想事成。

如果他心想而没有事成，他可以试着哭，或者用"咒语"式的语言去"念咒"，这样做之后，如果想要的东西来了，他会觉得自己很有能力，如同一个神奇的魔法师。这带来了儿童最初的自我效能感。

如果儿童做了这一切，心想了，哭了，"念咒"了，但还是得不到足够的吃的，还是会寒冷，还是会听到可怕的声音，等等，他不会归因于父母不够尽职，他会觉得自己无能。

因此，1岁以下儿童如果得到了足够好的照顾，他会有一种没理由的自我效能感。他相信自己是上天的宠儿，相信自己能成功，这就是一种最基本的自信。

心想就事成，儿童会有一种"我不用行动，好事就会来"的自信。在未来的人生中，他们是乐观主义者，但是进取性并不强。哭了，事成了，儿童就会有一种"我哭就有用"的自信。在未来的人生中，他们进取性更强。

而那些1岁之前没有得到很好的照顾的孩子，往往就缺少这样的自信了，因为他们发现心想、哭叫、"念咒"都没有用。他们的自我效能感大多都很差，会感觉自己是失败者，是无能者，他们会感觉到一种深深的无能为力感，他们会相信"做什么都没有用"。在未来的人生中，他们往往一失败就会气馁。

1岁以后的儿童，开始明白这些需要满足与否是父母决定的。因此，这些方面的需要满足与否，和儿童的自我效能感的关系就减小了。

1岁之后，儿童有追求快乐、反抗、体验、行动、自由的需要，还有被爱、被肯定、被支持、被关注的需要。这些需要的满足与否，对儿童的自我效能感影响更大一些。

如果1岁后的儿童有足够的行动自由，能从自己的行动中看到自己改变世界的力量，就会有第二种自我效能感——行动有效的自我效能感。

3岁前既是早期印刻阶段，也是最初的感觉运动式的符号化阶段。这两种影响是此消彼长的，印刻随年龄增加逐渐减少，而符号化活动逐渐增加。这个阶段的后期，还会有新的符号化认知方式出现，这我们暂且不提。

"非我"

有了自我，就有了非我。儿童和非我的关系，对人格发展影响巨大。

最早的自我和非我的区分，可能来自"可感觉性"：掐一下我觉得疼，那是我的胳膊；掐一下我没有感觉，那不是我的胳膊。另一个来源是"可控性"：想动就能让它动的手指，就是我的手指，而不论我怎么想动它都不动的那个手指，就不是我的手指。可感觉性早于可控性，因为儿童一出生，就有感觉能力，但是控制力却出现得比较晚。很小的婴儿并不能自由控制自己的手指，后来才慢慢地有了这个能力。因此，在可控性维度，"我"是渐渐地从环境中被区分出来的。

有个问题是，儿童对母亲的身体也有一定的可控性。比如他饿得哭的时候，母亲的乳房就会靠近他的嘴，因此，早期儿童一定程度上是不完全把母亲看作"非我"的。因此我们可以说，早期母亲和儿童是"共生"的。不过，可感觉性方面母亲和儿童之间比较容易区分：咬了自己的胳膊是疼的，但是咬了母亲的乳房自己却并不疼，因此有些1岁以下的婴儿在学习区分母亲和自己的时候，会有意识地去咬母亲。他们发现，有个小小的手指头可控又可感觉，而乳房却可控、不可感觉。随着时间的流逝，那个小手指头越来越可控，而乳房却越来越不可控，于是他越来越把手指头看作自我的一部分，而和乳房渐渐疏远了。直到有一天，那个乳房彻底不再随我的意愿存在，也就是彻底不可控，那时它就彻底成为非我——它从本来是自我的一部分，到彻底成为非我，这就是儿童最早体验到的局部的"死亡"。所以"断奶"对儿童来说，是非常伤心的一件事，是一个局部的"死亡"。

一岁多的时候，儿童对身体的控制力越来越强。但是同时，对母亲的控制力却越来越弱，自己"用哭获得心想事成"那种控制力越来越弱。这是一个越来越明确"我的躯体属于我"以及"母亲不是我"的过程。对自己的控制力越来越强，带来了一种新型的自我效能感，一种新型的自信。我不是心想事成，也不是用哭声"念咒"则事成，而是我可以亲力亲为地做成一件事情。

看到自己的行动带来了环境中一个明显可见的改变,这让人非常有自我存在感。因此,儿童会高兴地追求这种控制。这种控制有时成功,有时失败,儿童会追求成功。这段生命中留下的,是我们一生都存在的一种"亲力亲为""亲手做"的习惯。DIY之所以吸引人,也正是因为每一个人都是从一岁走过来的。

为了更好地区分非我,就需要刻意夸大区别,因此他会离开母亲一段距离,做自己的事情;他会拒绝母亲的一些指令,不听话,以划清自己和母亲之间的界限。有些心理学家把这个时期叫作反抗期。而当他建立好人我之间的界限后,他的反抗需要就没有那么大了,他可能会回来跟母亲和好,因为即使不反抗他也已经能够感到自己和别人的差异了。

这种亲力亲为的行动,大大加强了儿童对世界的认识。我们知道他们这个时期的认知加工是"感觉-运动"型的,运动越多,他们越有机会看到更多,也越有机会发现所看到事物的和自己的行动之间的关系,从而发现关于这个世界的规律性的东西。而语言在这个阶段中最重要的作用,就是为他所看到的形形色色的东西贴上"标签"。"这是什么啊?"是一岁多的儿童常常问父母的问题,而父母只要给这个东西一个名字,比如"这是狗",就可以了。这个过程中儿童获得了事物的表征物——它的名字,一个词。这可以帮助他建构一个内在的心理世界,由于这些名字是和别人共用的,他就和"非我"的他人之间建立了联系。

儿童和他人最早的关系模式,会印刻在他的心灵中,成为未来生活中对人际关系的态度基础。

人生的基本脚本

一岁前的早期生活的经历，会勾画出人生基本脚本的最初雏形。这个脚本在相当大的程度上决定一个人的性格，决定他未来的命运。

人来到这个世界上，带着所有人共同的欲望，并从中衍生出所有人共有的需要。同时，他也带着自己的特点，有自己独特的需要，或者至少是在需要的量上与别人不同，或者在诸多需要中的重点与别人不同。

在孕育、出生以及一岁前的早期生活中，他和环境、周围的人有独特的互动方式，在他的心灵上印刻了独特的印记。他行动、感受，并且从中获得经验，所有这些构成了一个独特的人。

当然，如果所有这些影响没有被整合为一个整体，而是散乱地存在于他的心中，那我们不能说他有了人生的基本脚本，因为实际上起作用的是整体的影响。是什么把它们整合为整体的呢？其实，并不需要一个什么东西去"整合"它们，它们本来就是整体的。在早期，特别是1岁前，儿童的心灵是混沌的、未分化的整体，是整体的自我感，所有的影响、印刻等，都是对整个的自我起作用。就如同我们向一个大水缸中加入各种的颜色，这些颜色会对整个水缸中的水有影响，最后会让整个水缸中的水呈现出混合后的颜色。

在1岁左右,我们大体上完成了"我"和"非我"(世界与他人)之间的分化,感觉运动的认知符号化能力基本形成,开始有了最基本的人生脚本雏形。

简要地说,基本脚本的内容是:"我这样的人,在这样的世界中,和这样的人在一起,有这样的关系和境遇。"或者我们可以说:"基本脚本由内部的我、外部的他人和世界,以及这两者的关系构成。"

"我这样的人"由对"自我"的基本认识和感受构成。由于自我开始被符号化,"我"可以被区分出来成为观察的对象,因此,所有跟"我"的符号有关的心理经验合在一起形成的就是"我"。用"成年后的语言"来描述,这包括:"我的欲求是什么?我需要什么?我的独特之处是什么?我的行为模式是什么?我是不是很棒?"这一切中,可能"欲求"(也就是"我来这个世界要的是什么")是最核心的自我经验。这个核心,是在刚刚有自我意识的那个时候,在孕育期和出生后早期生活中就存在的。

"这样的世界和他人"由对世界和他人的基本认识和感受构成。1岁前,我跟世界和他人的区分开始了。在区分开之后的第一期间的印象中,世界和他人可能是美好的,或者是邪恶的、阴暗的、危险的。世界和他人给"我"的感受,会印刻在我内心中世界和他人的图片上。这构成一种持久的底色,或者一种持久的心境,在人的一生中持续地起作用。他人是世界的一部分,母亲这个他人是世界中最重要的部分。

有了我，有了他人和世界，就有了基本的关系。我是不是被他人和世界所接纳、喜欢、关注和保护？我要的，他人和世界会不会给我？这个基本脚本中有这个基本关系带来的感觉，而这个时候他的境遇，被爱或者不够被爱、被保护或者被抛弃、被压抑或者被纵容……所有这些就是儿童最早的境遇，因为他不懂得"无常"，这种境遇的印记会一直保留，对他一生产生影响。

人生脚本雏形，是以感觉运动认知方式存在的，对"我"是一种感觉，对世界是一种感觉，对他人是一种感觉，对关系也是一种感觉。

在 1 岁后到 3 岁，这个人生脚本雏形会稍稍细化，但一般保持整体的稳定。儿童的心灵中已经能渐渐地区分"我"和"他人""世界"，之后"我"的分化逐渐细致化。"我"有了不同的部分："玩耍的我"是和兴奋感、新奇感联系的，"被责备的我"是和恐惧感联系的……不过，所有这些都还是在同一底色中。在 1 岁后，由于行动中我们开始对世界有分化的了解，当然会有一些分化了的"世界观和他人观"。比如"外面的大街"是新奇的，也是危险的；家里是安全的，也是平淡的……所有这些也都是在同样基调中的。

1 岁到 3 岁是儿童自主行动发展的时期，人生脚本中发展出了"最初的应对"。既然我是这样的人，世界和他人是这样的，世界和他人这样对待我并且形成了这样的关系，我可以怎么办呢？这个"怎么办呢"，就是最初的应对机制，这是人生脚本中的一个重要部分，是命运中的主动的那部分。而他应对的尝试，所得到的最初结果，也将成为人生脚本的一个基本部分。有了这些，人生脚本就完成了。古人说"3岁看大"，也正是观察到在3岁左右一个人的基本人生脚本就完成了，他的未来性格也基本定型了。

例如，一个儿童感到他是为了"爱"而来到这个世界的，但在出生后的第一年他有不少消极的体验，当他区分开自我与他人后，他发现最重要的他人（母亲）对他并不好，感到难过，他发现他的境遇是不被爱。在1岁多时，他的自主能力发展之后，他就会想办法，看自己是不是可以创造条件，改变这个不被爱的现实。也许他可以装得更乖巧，可以乞求，可以做某种交换。如果试过一个方法完全不起作用，这个方法就会被放弃。

在探索中，一般来说，他总会找到某种方法，让自己能够感觉好一点，这个方法就会被保留。父母可能会教育孩子去使用某种行为模式，但实际上，父母所做的事情起作用，并不是因为他们说了"这样对""这样错"，而是因为他们的行为给孩子带来的感觉。孩子试图摸脏东西时，母亲尖叫，孩子感觉到不被喜欢，他解读这是不被爱的感觉，于是他不再摸脏东西，变得更乖巧，孩子因自己的行为给自己带来的情绪结果而学习。在这个过程中，还有一个事件，那就是因为符号化开始了，所以儿童会用符号来认识世界，不再像更早的1岁前那样，更多地用直接的感觉来确定自己的境遇，而是用外在的一些"指标"来看自己的境遇。因此，也许"妈妈对我笑"就成为被爱的"依据"，即使这个时候的自己并没有明显的被爱感。这样的转化,一方面来说,使得儿童的认知更为客观,另一方面,也产生了异化的可能,他会关注"指标"而不是真实的内在感受。

但是,一般来说他不可能改变根本局面。父母爱不爱他,往往原因在别处。也许母亲之所以没有给孩子足够的爱,是因为她自己的性格缺陷,而孩子的行动固然对她也会有影响,却不足以改变她的性格。儿童的境遇不会根本上改变,但是乖巧一点,挨骂就会少一点,所以感觉会好一点。儿童如果因此自欺地认为自己已经被爱了,即使只是一时被爱了,也会感觉好一点。这样,他就习得了一种行为模式,而这种模式会带来一种结果——这就是他的命运的雏形。

人生脚本到这时有了全部基本要素:我如何,世界如何(特别是世界中的母亲如何),我和世界(特别是和母亲)的关系如何,我如何应对,结果会如何。

至此,人生脚本初步构建完毕。

早期生活中的一些原型

早期生活中,有许多原型会被激发。

儿童早期生活中最初的境遇是:一无所能,一无所知,但是他还是在这个世界中活下来了。这种幸存激发的是"愚人原型"或者叫"赤子原型"。

在自我和他人分化后，儿童首先意识到的他人就是母亲，这激发的就是"母亲原型"。母亲原型这样一种先天的范式，能帮助儿童去理解现实中的母亲。而且，对母亲原型的先天的情感模式，使得儿童对母亲产生强烈的依恋，这也有助于现实中的母子关系的建立。如果现实中的母亲不是好母亲，她也可以激发母亲原型中的消极面——吞噬性的母亲。

"魔法师或巫师原型"在儿童1岁前被激发，启动它的就是"心想事成"的感觉。魔法师或巫师的特点是用神秘的方式、用愿望和咒语控制世界，这和儿童1岁前的生活方式太相似了。同样，在儿童刚刚分化出他人的形象时，他也可以把这个原型投到他人的身上——现实中的母亲多么像女巫啊，她会知道我们心里的想法，每次我们做违规的事情后，她总是能神奇地发觉并且出现，当然，我们需要她的时候，她也会神奇地出现。好母亲是善良的女巫，坏母亲是恶女巫。

"战神原型"激发于1岁前后，也就是儿童开始有行动能力时。行动中可能会遇到阻碍，而遇到阻碍时，战神原型给我们提供勇气、力量和自信，使我们能够克服困难，勇往直前。小孩子练习走路时一次次地摔倒，但他还是锲而不舍，最终能掌握直立行走这样一种对孩子来说非常困难的任务。小孩子敢于离开母亲一段距离，独自去面对世界，这需要不可思议的大勇气，没有战神原型很难做到。

"精灵原型"也激发于这个时期。战神是用力量去克服阻碍，精灵是用灵活性、创造力来面对这个世界。和战神相同的是，他们都带来一种对外界世界有所掌控的感觉。精灵的淘气，也是一种探索，探索行动的底线和边界——我可以做多大程度的被禁止行为。

还有一个特殊的原型（也许现在大家并没有把它看作原型，它和一般原型不大相似），那就是乔姆斯基所说的"语言获得装置"（LAD）。如果没有这个东西，不可想象儿童居然能在短短两年左右的时间，基本学会一种复杂语言的口语。

早期生活中，人依赖本能更多，而原型就是本能的化身。

原始儿童期（约3~6岁）

意象的产生

3～6岁，儿童的认知能力有了质的变化，这个变化的结果就是：在遗传的潜质基础上形成了我称之为"原始认知"的一种认知体系。

我们前面提到，3岁以下的儿童的认知是感觉运动型的。我们看到、听到、触摸到事物，我们"摆弄"这些事物，并且我们能看到我们的行动会改变外界。我们如何行动，带来什么改变，这里面有一些规律，我们会靠我们的记忆逐渐掌握这些规律。这种认知方式是高度具体化的。原始人类在实际的狩猎中，投了石头没有打中，就再投一块，逐渐掌握投石技术的过程就是运用了这种认知。

儿童随后的发展，和原始人类随后的发展一样，他们开始"沙盘推演"。我们可以设想，聪明一些的原始人类群体在打猎之前，也许要提前计划一下。这就需要他们用一种类似现在军队中用的"沙盘推演"的方式，事先模拟打猎的场面。他们也许会用小木棒代表树林，用一块石头代表山头，用几个狼牙代表自己和伙伴，用一些小谷粒代表他们将要去围猎的鹿群，然后通过摆弄这个沙盘来提前模拟沟通，尝试如何团队配合，从而计划好将要到来的围猎过程。

这个"沙盘推演"中，这些"代表"什么东西的东西，就是象征物——小木棒是树的象征，石头是山的象征，狼牙是人的象征，谷粒是鹿的象征。这个过程就是最初步的"抽象"。

再进一步，如果他们的记忆力足够好，他们可以不用把沙盘摆出来，只要在心里用这些象征物去摆弄就可以了。他们可以在心里试着去唤起一个木棒的图像，几个狼牙的图像，一簇谷粒的图像，然后在想象中去摆弄。也可以想象："如果这些狼牙这样围猎，这些谷粒会如何逃跑，最后会出现这样的结果。"这个时候，心中的那些记忆形象，那些象征性的形象就是意象。这时，他们已经进入运用意象进行的原始认知了。这种认知不再受到现实的局限。从必须有野兽存在时才能真实地用感觉运动型认知去学习打猎，到有了意象后，可以在没有野兽的地方练习打猎，这大大提高了人类的生存能力。

用意象的原始认知，也可以和感觉运动型的认知结合。比如我们练习射箭，如果不用象征性意象，我们就只能用实际的鹿作为靶子，而有了意象能力之后，我们可以在一截木头上画个鹿的头像，然后就把这个木头当作鹿去射。这显然方便多了。

儿童也是一样，当他没有意象的时候，只有在父母在场的时候，才能练习怎么和父母交往，但是有了意象他就可以随时练习，不需要父母一定在场。

意象有两个核心，一个是象征性的图像，另一个是伴随的一种感受，一种情绪或欲望所带来的感受。

如果我们把谷粒当作鹿，那么看着这些谷粒的时候，我们的感受就不同于看其他的谷粒，而是如同看着鹿，当然也不是完全如同看着鹿，但是多少总有些看着鹿的感觉。我们可以说，在这个意象中，我们会附着上一些情绪或欲望所带来的心理能量。

其实早在3岁前，儿童就已经开始创造意象了。比如，他会把一只枕头当成母亲的代替物。在母亲不在场的时候，有了这个枕头，分离焦虑就会相对容易忍受。这个物体被有些心理学家称为替代性客体。

3岁左右，儿童的原始认知能力发展了，创造意象的能力提高了，他甚至不需要借助枕头，就可以在心里保存一个"母亲"的形象。这个形象的形成，受到内在的"母亲原型"的影响，也受到对外在的母亲的形象化记忆的影响，并且儿童对这个形象有很多的情感附着。儿童随后会创造出很多的意象，作为外在事物的内在"仿制品"。借助这些意象，他可以在内心模拟人际互动，于是他开始有了以意象为符号的内心生活。

意象中，什么样的象征物可以用来象征什么，有一定的规律性。这个规律中最主要的一条是"相似性"：我们会用木棒象征树，用石头象征山，而不是反过来用木棒象征山，用石头象征树，正是因为木棒和树相似，石头和山相似。与原物相似的象征物，在信息加工时更不容易出错。

相似性不一定是外形的相似，也可以是内心感觉的相似。比如我们用谷粒象征鹿，虽然谷粒和鹿外形上并不相似，但是它们都是食物，都可以勾起我们进食的愉悦感，这样也可以作为象征。

花和女人在外形上并不相似,但是都给异性带来愉悦感,所以把花用作女性的象征,也是这个道理。

意象也可以直接指代某个客体,比如,心中母亲的意象,用来直接指代现实中的母亲。在这种情况下我们容易产生混淆,把内心中的母亲形象看作外在的那个存在的母亲。

概括化

意象是一种符号,用意象模拟世界是一种符号化。任何符号化都不是对经验的百分之百的拟合。因为严格地说,每一次新经验和旧经验都不完全相同,要符号化就必须把某些近似视为相同。

对待意象中的关系也是一样,如上所述,差别不大的关系就会被视为相同或至少是同类。

出于理解世界的需要,儿童会有一个欲望去把意象符号化。因此,经验中如果有类似的形象,而且有类似的附加感受,儿童就会把它们整合在一起,形成一个更概括化的意象。更概括化的意象是一个适应范围更大的符号,可以用来解释和理解更多的经验。如果有两个意象比较相似,它们也会被整合在一起,形成一个更概括化的意象——这个过程,如果我们客观地观察,好像是同类的意象会相互吸引一样。在这整个过程中,意象会一定程度地被修改,使得它对更多的经验拟合得更好。这样的一个概括化的意象符号,是儿童理解世界时很有用的工具:意象,和别的符号一样，是工具。棒子是打野兽的工具，篮子是装野菜的工具，而意象是模拟世界的工具。棒子、篮子是物质工具，而意象是由非物质的心理形象构成的工具，它们都是工具。

如果某个意象和原始意象接近，它就可能受到原始意象的影响而变得更像原始意象的形态。

实际上，创造各种意象时的信息加工方式，用心理学术语说，类似材料驱动和概念驱动。实际上同类相吸引、整合就是材料驱动的加工，原型启示类似概念驱动加工。当然，实际上没有概念，所以不应该说是"概念驱动加工"，而应该说是"原型驱动加工"。修改则是介于两者之间。

从心理经验中产生意象时，不同的人会创造出不同的意象。打个比方说，心理经验就如同夜空中的星星，而意象就如同把星星用虚拟的线连起来，把它们连成一些"星座"。连线不同，创造出来的星座的样子就不同。因为这些连线是虚拟的，所以连的方式也是随意的。和这个比喻不同的是，夜空中的星星本身，在每个人眼中都是基本一样的，除非一个人视力差，看见的少。但是人的心理经验是不同的，因此创造出来的意象就更是人人不同。你和我，都有"花"的意象，但是你心中的"花"，和我心中的"花"，形状、色彩、大小都不会相同。

意象关系也是人人不同，我们都有母子、父子关系的意象，但是你心中和我心中的母子、父子关系的意象可能是完全不同的。在有的人心中，也许是温情的画面，在有的人心中，却可能是可怕的场景。

　　既然意象以及意象中的关系，在每个人都是不同的，严格地说，人和人之间很难相互交流。除非他们可以把自己心中的意象准确地画出来，否则他们用语言交流的时候必定会产生误解。我对一个孩子说"我刚才看到一只狗"，这时候，我心中那只狗也许是一只黄色小狗。孩子听到这句话的时候，唤醒了他心中的狗的形象，他想象出来的可能是一只斑点狗，因为他家养的就是斑点狗。即使我可以用更多的词语描述，把那只狗的样子说得更加清楚，但是总不可能百分之百全面，而他对那只狗的想象，也必定和我见到的那只狗有一些差异。狗还好一点，有时我们要描述的是外界没有的东西，比如"我想象中的天堂"，那别人的理解就更不可能和我的一模一样了。这种误解，在成年人的互动中其实也时时存在，并且成为夫妻吵架、亲子冲突等背后的原因之一。

　　人类是如何减少这种沟通困难的呢？大体上，人类是采取文化中的一些行动，去对意象做一些统一，减少人与人之间的差异，从而减少沟通困难。比如我们心目中的"自由"，如果意象化，也许每个人心中都有不同的形象，有人可能会用"自由奔跑的马"来象征自由，有人可能会用"天上的白云"来象征自由，也有人可能会用"松开绳索后的人"来象征自由……纽约竖起了自由女神塑像之后，有很多人用这个形象来象征自由，这样他们互相之间就比较容易就此理解对方。绘画、雕塑这些东西的功能大体如此。

性别意象也产生于这个阶段，儿童认同自己是男孩或女孩，想象中有男孩或女孩的独特的意象特点：比如女孩穿裙子，等等。

意象的关系

意象之间的关系，是对现实中的关系的模拟。意象与意象的关系，也是用一个意象表示出来的，这个意象可以称为"关系的意象"。

意象中最早的关系，由三个部分有机地构成：我的意象、他的意象，以及我们之间的相互感受。

这里的"他"，可以是人类，也可以是动物、植物以及其他自然物。"我在玩水"，这里面有我的意象，有水的意象，还有我和水的关系，也就是"玩"。"我在玩水"这个场景的形象就是一个"关系的意象"。当然，对儿童来说最重要的依旧是身边的人，不仅是母亲，也包括父亲或者家里的其他人。

如果"他"是身边的人物，我们把这叫作"客体关系在意象中的呈现"。比如，一个意象中的客体关系单元是：我是一个可爱的孩子，我有一个慈祥的、爱我的妈妈，我爱我的妈妈。当然，妈妈也爱我——3岁的孩子已经离开了和母亲的共生期，所以他知道感受是相互的，但并不能像成熟的人那样清楚地知道这一点。他还是很容易"融合"相互的感受，我对他的感受和他对我的感受。而且，儿童还是以自我为中心，更知道自己对他人的感受，并且很容易误认别人对自己的感受,把自己对别人的感受当作别人对自己的感受。儿童常常混淆"我妈妈的意象"和"现实中的妈妈"。不过,他还是能大略知道双方在这个关系中的感受是不同的,而且是成对存在的。

这个关系是有机的:关系中的双方都被关系和关系中的对方所界定。为什么我是一个可爱的孩子,有什么证据吗?证据就是我妈妈爱我,我如果不可爱,她怎么可能这样喜爱我。这就是说,"可爱的我"是被"妈妈"和"爱"所界定的。我妈妈是个慈祥的妈妈,证据就是她对我很有爱心。这就是说,"慈祥的妈妈"是被我的感受所界定的。我们的关系是相互爱的关系,证据就是我和她在一起生活的时候,我感受到了爱。她当然爱我,因为我是爱她的……这个例子中,一个情绪感受——爱——把两个意象结合在一起,建立了一种关系。而在这个例子中,儿童也还不能很清晰地分辨"意象中的妈妈"和"现实中的妈妈"。

关系单元中出现挫折时,反而会让儿童有机会看到"意象"和"现实"的差异。儿童充满了爱意,想和父母一起玩,但是父母没有兴趣,甚至由于某种原因对孩子生气;孩子带着爱的邀约受挫,他就会痛苦地发现,爸爸妈妈和自己想象中的不一样。

在这种情况下,儿童可能试图扭曲外界感觉,维护内在意象不变,也可能会改变内在意象。如果改变了内在意象,他就会建立一种新的内在关系单元:我爱爸爸妈妈,但是他们对我没有兴趣。这个单元中的我,可能就是一个"被忽视的小可怜",而父母则可能是"冷漠无情的人"。

通过这样的方式，儿童3岁后在内心建立了很多基本的"客体关系的意象"。儿童自己的不同侧面，可以分化为许多不同的形象；父母或其他人的不同侧面，和儿童的这些不同的侧面建立不同的关系，其他人之间也有一些关系模式。所有这些都成为儿童心理世界中的基本意象关系，构成了他心目中人际关系可能有的模式。

当这些建立起来之后，儿童倾向于用这些作为自己理解世界的基础。因此，以后的生活中所发生的人际事件，都会被儿童用这些意象客体关系去理解。他会把现实中的关系归类，当能够顺利归入基本意象关系中某一类的时候，儿童会感到他"理解"了。

被建构出来的这些基本的意象关系，在儿童心中会有稳定性。因此，当现实和他意象中的关系有差别的时候，只要差别不是很大，儿童还是倾向于稍微扭曲感觉，维护这些内在的意象关系模式不变，只有差别很大的时候，儿童才会选择构建一个新的（意象中的）关系模式。

故事：时空中的意象关系

意象与意象相结合，就会有关系并产生一些"关系的意象"，其中重要的是"客体关系意象"，即"我和重要亲人之间的关系的意象"。

"关系意象"与"关系意象"之间也会产生关系,这个时候就会产生出"故事"。故事是"意象"和"关系意象"在时空上延展的产物。

举个小例子,假如某位儿童的意象中,有这样的"关系的意象":父亲和他的关系是"暴君和被压迫者";父亲和母亲的关系是"野蛮男人和弱女人";母亲和他的关系是"无力保护小鸡的弱母鸡和小鸡"。这几个关系意象结合在一起,由于关系中的张力,就会出现一些新的关系意象。也许会产生"同被压迫、同样胆小的相互怜悯的母子"意象,也许会出现"拼命保护母亲的孩子和被保护的母亲"意象,也许会出现别的意象,而这些会带来一些后果,时间上就会延展出一些新关系意象。比如拼命保护母亲的孩子,也许得到的是母亲的"偷偷安稳",于是会出现"战斗受伤的孩子和护士一样的母亲"的关系意象。在这样的延展中,故事就出现了,故事就是随着时间转变的意象。在故事一开始,有一种人物关系,随着一个个有理由的情节延展,后来会产生一些新的人物关系……

可以说,故事是一种"推演",是关于关系演变的推理。如果这样的关系中,有这样的事情发生,可能会出现这样的结果。它是一种用无物质形体的意象进行的"沙盘推演",是原始认知中的一种心理过程,通过这样的心理过程,人类可以对现实事件未来的演变作模拟,并得到一定程度的预见。

现代的人类更熟悉的是后来出现的逻辑思维,更熟悉"推理"

而不是"推演"。其实，原始认知中的推演是更基础的，在它的基础上才可能出现"推理"的功能。现代的心理学刚刚开始研究这样的认知方式，称为"叙事性的认知"。

这种推演性的认知能力产生后，儿童会开始一种重要的活动——"过家家游戏"或其他"假装游戏"。一开始儿童会用一些实体物品辅助自己的想象活动，比如用洋娃娃、毛绒动物、变形金刚、玩具武器、玩具家具等做辅助，去推进或再现自己内心中的想象活动。内部意象足够清晰之后，他们不用这些东西也能幻想一些故事。或者，几个儿童一起用过家家游戏的方式来进行想象活动。以前听过的故事，对儿童的想象活动也有启发和帮助。这些活动，对儿童的原始认知能力的提高很有意义。

儿童的这些想象中的故事，带来了他对世界、对他人的认识，带来了对过去的解释，也带来了对未来的预测。这也决定了他在人际关系中会如何行动：因为他心中的父母是什么样的人、他自己是什么样、关系是什么样、会发展成什么样，决定了他会怎样做，以获得他希望得到的比较好的结果。

儿童的预测会在现实中得到检验，如果儿童发现他预测的事件和现实中发生的不一样，他可能会尽量把现实"套到"自己原来的故事中，也可能会根据现实改变自己的故事。不过，能不改变故事他就不改变，即使那个故事是悲惨的故事，因为儿童需要理解这个世界，他害怕旧的故事被推翻了，而新的却建立不起来。

自我意象

自我存在感，在这个阶段也有新的形态。

在前一个阶段，我们是把自我和躯体以及躯体的感觉运动联系在一起的，而在这个阶段，我们会把自我和意象联系在一起。

最基本的自我意象来源于照镜子时的"这就是我"，这是一个认同。这和前一个阶段不同，前一个阶段我们通过接触自己的身体或身体被接触，通过运动等感受到"我"，而这个阶段更重要的是通过视觉看到"我"。

这个自我意象，会受到别人的评价，进而带来儿童的自我评价。别人说"这个孩子真漂亮"，于是儿童觉得"我是漂亮孩子"；别人说"这个孩子丑"，于是儿童觉得自己丑。这个过程中，儿童对自我意象有了最基本的感受。

儿童会感受到自己身上的原型，当心中的"英雄原型"在起作用时，能够感受到"豪情""勇气""英雄气"或"壮志"，等等。同样，当我们心中的"母亲原型"起作用时，我们能够感受到"慈爱""保护弱小的愿望"，等等。

为什么会有这样的感受出现呢？人需要一个解释。

当一个人有了"我"的意识后，或者说，当一个人有了初步建构的自我后，大多数时候人的解释是：因为"我是一个这样的人"。当英雄原型在我们心中起作用，当我们感受到自己心中的豪情壮志时，会产生一个念头："这就是我，我就是这样一个英雄。"这就是所谓的"认同作用"，我们认同了出现在我们心中的英雄原型，于是我们的"自我"就被引入了一个"英雄"的成分——"我是英雄"。我们会用后天的资料，给这个"英雄我"一个样子，这就是我的"英雄的自我意象"。

当然，我们也可能会有其他的解释。比如，阅读《水浒传》中武松的故事时，我感到一种豪情，于是我解释说："武松真是一个英雄。"如果加上一句"我也有点像武松"，那么我就认同了英雄原型并使得我的"自我"中包含了"英雄"的部分。如果我加上一句"我恐怕不可能成为这样的人"，那么我就不能认同这个英雄部分，我的自我中也就没有了英雄气。如果我不认同，那么即使我天赋中有英雄的遗传也没有用。如果我不认同，那些英雄气就不属于"我"，就只是一种"潜能"，而不可能"实现"。

这些不被他自己认同的，但是在他身上存在的心理特质，如果别人看到了，并且认为是属于这个人的，那么就成了别人心目中的他，这也许就是荣格所说的阴影部分。如果谁都没有认为这是属于他的，那就只是一种未知的"潜能"。

对自己天赋的认同，建构起了一部分的"自我"。对自己天赋中较强的各个原型的认同，会塑造出自我中不同的部分。在我的意象对话理论中，这就是所谓"固有的子人格"。在《你有几个灵魂》一书中，我讲到过这一类的子人格。不过，这里要补充一点：并非一个人有某种先天特质，就必定出现某种固有的子人格，只有这个人"认同"了这个特质，才能够把先天的遗传变成他自我结构的一部分。

在生活中，儿童会在种种人际关系中，创造出"这个关系中的我"的样子，这些也成为自我意象的组成部分。比如，某个被母亲所爱的孩子，形成了一个意象：母亲抱着他，深情并喜悦地看着他，他感到幸福和平静。

通过对这样一个关系的认识，以及对关系中的那个孩子的认同，那个孩子的意象成为他的自我意象，关系中另一个意象则成为客体意象。如果我们用语言来表示这个认同，大概可以说"这个小孩就是我"。而这个客体关系是一个爱的关系，所以，仿佛在这个意象背后还有一句这样的话："我是被爱的，妈妈是爱我的。"这样的过程之后，孩子的意象成为自我意象，母亲的意象成为客体意象，而意象中反映出的两者之间的关系就是所谓的客体关系。这个包含着自我意象和客体意象并反映着双方关系的意象就是客体关系意象。

在关系中，孩子可能被爱、被恨、被照顾、被遗弃、被赞赏、被贬低……因此，意象中的孩子可能是可爱的、可恨的、强大的、弱小的……当一个人认同了这样的意象时，他的"自我"中就包含了这样的一个部分，同样会以子人格的形式出现。

这部分自我，可以说是通过关系塑造出来的，就像用模子塑造雕塑一样。在这个过程中，客体就是模子，而自我就是被塑造的雕塑。因此，"自我"和"客体"最终构成了关系中的两端：爱者和被爱者、攻击者和被害者、掠夺者和被掠夺者、强大的保护者和弱小的被保护者……这是后天因素对自我形成的一种影响方式。这个方式使得一个人和他的重要客体之间形成一种互补的关系,他们不同而又刚好匹配成一个关系。

如果这个人在童年和他的主要抚养人有某种关系,但是这个人不论心理的哪个层面都没有认同这个关系意象中的那个孩子是自己,那这个部分就不属于他的"自我"。但是,如果别人看到这个"孩子"表现在行为上了,别人认为"孩子"存在,那我们可以说这个"孩子的子人格"属于这个人的阴影部分。

还有一种情况,那就是我们认同一个外界的榜样(多数时候也是所谓的"客体")时,客体意象也可以转为自我意象。当一个儿童在内心对自己说"我和我爸爸真像",那个时候爸爸的某个客体意象就成为儿童的自我意象。

前面我们说过的那个客体意象,是和相应的那部分自我意象一起存在的,以客体关系意象的形式储存在我们的心中。一般来说,我们把此意象中的一方认同为自我,另一方认同为客体。不过,有的时候会出现一种情况,那就是我们把客体的那一方也内化并补充认同为自我的一部分。这个"客体关系意象"就成为"自我内部关系意象"。

这种方式的要求是,先有了自我,并有了自我和外界的心理界限。先知道某个意象是属于客体的,然后,通过心理的内化把这个外界客体的意象转化为自我的一部分,这个过程仿佛一种精神的"饮食"过程。内化时,仿佛心里在说"我要像他一样",以及"我和他一样了"。这个"他"就是我们认同的外界的榜样。

儿童时,这个内化的对象主要是父母。按照弗洛伊德的说法,对于正常度过了俄狄浦斯期的儿童来说,内化对象更主要的是同性的父母一方。而随着儿童的成长,这个内化的对象也包括老师、同伴以及青春期的偶像。实际上,人格形成过程中,为了便于内化外界客体,青春期才有偶像崇拜的本能。在精神层面,偶像崇拜过程就是一个精神的"饮食"过程,我们把所崇拜对象的精神意象"吃"到自己的心理世界中,于是我们就"获得"了他。

除了内化一个榜样人物,我们也可以内化一个社会角色。社会角色也许并非具体的人的形象,而是一组人格特质,也是一个形象:老师应该是有知识、自律、循循善诱的;警察应该是勇敢、正义和坚定的;护士应该是有爱心、温柔和细致的,等等。这不是一个具体的人的形象,而是一类人所共有的形象,如果我们接受了自己是某个社会角色,也会内化这个社会角色,从而"像这个角色应有的样子"。

当没有认同但是客体意象在儿童的行为中表现出来时,客体意象就被别人看作这个儿童的阴影。例如,某儿童有一对有关系的意象——"可怜孩子""暴君父亲",他认同自己是可怜孩子。有一天,别人看到这个儿童发脾气的时候完全是一个小暴君的样子,别人就会把"暴君"看作这个孩子的阴影。

顺便说一句,不认同的坏处是不知道这个意象影响着自己,也就没有办法转化它；知道并认同为自己的坏处是带上了对自我的执着，也不愿意去转化它（因为它就是我的一部分），这时候甚至可能出现一种突变，突然由关系中的一方变成了另一方。比如，受虐者突然变成了虐待者；被指责者变成了指责者。或者，我们会轮流成为这个关系中的双方，有时我们是受虐者，有时我们是虐待者。

除了客体关系，在生活中，一个人和环境的互动，在内有种种体验，发之于外有种种行为，而行为又有种种结果。对这些，他会有认识和解释。这个解释中，有一个重要的部分就是："因为环境影响，所以我成了什么什么样的人，所以我会如何如何。"通过这样一个解释，一个人也建构起了一部分的"自我"。这部分的意象化存在，也是自我意象。

这部分的自我，是一个人在生活中"看到"的自我。"我是一个爱玩的人""我是一个易感动的人""我是一个幸运儿"等，都是这样一种方式形成的自我。

这部分的自我主要反映的是，后天环境影响下形成的一些人格特点中，被一个人通过认识过程看到，并且认同为他的"自我"的那个部分。

实际上，我们"看到"自我的时候，有时难于区分哪些自我特点是"我生下来就是这样"，哪些特点是"因为小时候我爸妈那样对待我"，哪些特点是"后天环境中的什么事情影响的"。因此，在现实中一个人往往并不能很好地区分各种不同的"自我"，会笼统地看作"我就是这样的我"。

有一种特殊情况是反向认同。如果孩子对父母中某一方总体上是厌恶的、排斥的，他可能会要求自己"成为对方的反面"。在这种情况下，孩子还是受到了那个他不喜欢的父亲或者母亲的影响，他让自己"成为对方的反面"，也导致他的特质和那个父亲或母亲有了相关。比如，母亲过于吝啬，孩子异常挥霍；父亲对孩子过于严厉，孩子长大后对他自己的后代过于放纵。这样的情况下，虽然一个人希望自己和父母不同，也的确不同了，但是依旧受到了父母的巨大影响。有趣的是，如果儿女反向认同父母，而在更下一代也反向认同，那么孙子孙女就会非常像自己的祖父母——祖父母的精神特质就通过这个方式隔代遗传下去。

人生脚本故事

上一个阶段，人生脚本只构建了一个雏形。在这个阶段，儿童有了原始认知后，人生脚本会被原始认知重新勾画，赋予具体的形象。

在这个阶段，儿童开始构筑故事。在他构筑的所有故事中，最重要也是最根本的一个故事就是人生故事。换句话说，这个时期的人生脚本总体上是这个故事的脚本。这个故事的主人公是自我意象，故事中的其他人物就是我们意象中的客体意象。不过，有些意象既是自我意象的一部分，同时也是客体意象。

在这个阶段，我们开始把人物意象组合起来，形成复杂、整体的相互关系网络，并形成这个关系网络的稳定的基本主题及副题。在未来的人生中，这个基本主题和副题沿着时间展开之后就会形成人生故事。人生故事潜藏在人生脚本中，人的一生就是对其人生脚本在现实世界中的展开和实现。

人的"宿命感"就和这一阶段的实现有关。人下意识知道自己的人生脚本，并下意识地看着自己的人生循着这个脚本展开和实现。弗洛伊德注意到"俄狄浦斯情结"发生在这个阶段，他的解释是这个阶段的儿童都会有"弑父娶母"的潜意识冲动。在我看来却不一定，我觉得俄狄浦斯故事的中心是"命运之不可抗拒"，是说一个人即使努力抗拒命运，命运还是会实现。在我看来，这是因为在这个人生阶段，人生脚本完成并且成为故事，人潜意识中知道了自己的人生会循着这个故事脚本去实现，所以觉得命运不可抗拒。

未来的生活中，人在意识层面也许会拒绝他们内心的人生脚本。因为人都有追求快乐和幸福的愿望，而他们的人生脚本却未必如此。如果他的人生脚本是一个悲惨的故事、痛苦的故事、抑郁的故事或者无趣的故事，他的意识层面也许会非常努力地让自己幸福地生活。但是，在潜意识层面，他们却有一种驱力让自己按照人生脚本去生活，即使那个脚本很不幸。原因是，人认知世界、自我等都是通过自己已有的认知框架进行的，如果他们已经有了一个人生脚本，他们看到的世界和自我，只可能是他们脚本中有的那种，所以幸福快乐虽然是他们想要的生活，但是他们的潜意识却只相信自己能得到人生脚本所描绘的生活。

　　当然人生脚本也不是完全僵死不变的。同样的意象、同样的意象关系构成的一个网络，可以用不同的方式解读，从而看到不同的主题。在这个阶段，如果儿童在外在的引导下，用新的视角看自己的意象关系网络，可能会看到不同的主题，于是他们就可能改变他们心中的人生脚本，从而改变自己的人生故事，也就改变了自己的人生。

学龄期（约6~12岁）

逻辑思维

这个时期儿童的逻辑思维能力开始发展，学校教育对此功不可没，不过如果儿童没有具备一定的能力基础，教育也是没有办法成功的。

逻辑思维和原始认知不同，它运用的是更抽象的符号，而不是形象的意象。实际上在人类发展史上，这个过程也是渐渐完成的。原始人先是画野牛，逐渐地，他们发现不用把这些野牛画得很细致，也可以起到符号化的作用，也可以用来交流，于是转为画成"简笔画"。出于交流的需要，他们还要大家统一画法，于是就有了象形文字。渐渐地，象形文字不再需要和实物相像，于是文字开始自成体系，有些甚至转化为拼音文字。概念取代了意象，概念之间的关系（也即命题）取代了关系意象，概念构筑成的理论体系取代了故事。

符号越来越抽象，于是附着在这个符号上的情感开始减少。我见到我的女朋友，感情激发很多；见到她的照片，感情激发也还不少（如果我们正在热恋）；见到她的名字的文字，感情也会激发，但是比看到照片少一点，比见到人更少一点。

这种情感附着的减少，有不利也有好处。不利的是，我们因此变得冷漠，那些主要使用逻辑思维工作的自然科学家、数学家或哲学家，往往让人感到情感不够充沛。但好处也是显而易见的：

它使得我们想问题的时候不会受到情绪干扰，会更加客观，也许会更加符合外在世界的样子。逻辑思维几乎是人类独有的，其他动物几乎没有，人类就是依靠逻辑思维获得了巨大的成功，才使得其在地球上占据了不可撼动的统治地位。

逻辑思维词汇的公共性大而情感附着少，这种思维具备很大的客观性。这也带来儿童心理的客观性，他们开始减少认知中的自我中心——但远远不会消除，实际上自我中心是终生不会消除的。

逻辑思维将被终身使用，绝大多数人也并不发展更高的认知了。以意象为基础的原始认知也并未停止活动，它们也终身存在，只是有时可能会"转到地下"，在潜意识中继续。

现实化

从这个年龄段开始，我们通过和外在世界的不断互动，展开我们的人生脚本。在这个过程中，我们会用内在的意象去理解外部世界，以内在目标为能量驱动，试图在外部世界中达到现实化目标。

这一过程的本质是心理脚本在外部世界的求证，许多具体问题会在这一阶段得到呈现和表达。这一阶段中我们的应对机制会在现实中通过和外部世界的关系而逐步形成和强化。

这个阶段中，人生脚本中的基本模式一般不变化，但是细节会逐渐丰富。儿童通过学习——不仅仅是学校教育，更重要的是其他人际互动——学会各种具体技术，并用这些技术完成人生脚本想要完成的目标。

因此，同伴之间的人际游戏对儿童的心理发展非常重要。在游戏中习得的种种基本人际互动的技巧将对他一生都有用。如果这个阶段缺少游戏中的练习，儿童长大后会在这方面有不足。

健康的人格本质是互动，而不只是内部脚本在外部世界的单向求证过程。所以，健康的人格能够在与外部世界的互动过程中，反向求证和校正脚本。反之，不健康的人格会执着地把内部脚本中的幻想认定为现实，并通过不断歪曲外部世界中和脚本不一致的元素，来强化内部的脚本，从而实现脚本在现实世界中的强迫性重复。

但即使我们的脚本可以得到一定的校正，也不可能全面颠覆之前形成的基本模式。即使我们不喜欢前面的基本模式，试图改变它，在绝大多数情况下也都会失败。这是因为被印刻上的那种感受是不变的，所以即使我们在外部世界做了一些事情，使得外部环境有所改变，但是内部感受不变，我们也不会相信这个变化。比如一个人早期被印刻的是不被爱的感受，而小学期间别人对他很好，这时他固然会比较开心，但是内在印刻的那种不被爱的感觉依旧在，所以他会在内心某个地方感到"这些都没有用"。即便如此，他还是会感觉好一些，和人生更晚期相比，这个阶段多少还有一点印刻的能力,还是能印刻上一点点好的东西。最后他的结论可能会是:"我做这些事情,从根本上是没有用的,我还是不被爱,但是在浅层有一点点用,因为我会暂时有一点被爱的感觉。"

从这个阶段开始,现实化过程会持续终生。

自 我

儿童在这个阶段,会用逻辑思维建立自我概念体系。教师的评价对学生的自我概念形成影响比较大。不过,自我概念对儿童的影响,相比前一阶段自我意象的影响要稍微小一点。

自我的成功与否,决定了这个阶段儿童的存在感。学业成功,或者在学校人际活动中的成功,会给这个阶段的儿童一种存在感。因此,学业成功的儿童或课外人际活动中成功的儿童,会更为自信。这个阶段的自信,和 1～3 岁时在活动中获得的自信不同。那个阶段的自信体现为自我控制能力,而这个阶段的自信则需要外在的标准、外在的认可,因此他们对表扬更为敏感。

成功不足,从而存在感不足的儿童,就需要用其他方式获得关注,以获得存在感,这也就带来了那些"坏孩子"的行为。比如,可以通过上课捣乱引得老师批评,来获得一种关注,虽然是消极的关注;可以通过打架,获得一种存在感。

青春期

青春期从十一二岁开始，持续到十八九岁，以性成熟为主要标志。我们不求全面说明这个时期的变化，因为本书无意成为一本巨细靡遗的发展心理学教科书，只把我们关注的重点说清楚就可以了。

人格定型

青春期是人格定型的时期。

对于自我，他的感觉、意象和概念都基本定型，他的人生故事脚本也基本定型。经过了前一个时期的试验，他可以完成这个定型工作了。但是，为什么需要定型呢？这是由于人本性中有一种欲望，希望把自己看作独特的、稳定的存在。

为了确定自己的定型，他要做的就是彰显自己独特的特点。他认为自己是什么样的人，就会想办法展示自己的相应特点，因此我们会发现，青春期的人会很刻意地表现自己。在内心中不能很明确地找到自我独特性的那些人，就更是要刻意在外表上与众不同。他们要穿很特别的衣服，剪特别的发型，做一些特别的事情。有时，他们会抱怨别人不了解自己，其实他们想说的是："我和你们不同，所以你们不可能了解我。"这会带来一种矛盾，他们要与众不同，但是实际上他们又害怕与人分离所带来的孤独无助。矛盾的心理需要，可能会给他们带来难以解决的心理冲突。

在这个阶段，还有一件事情要做，那就是强化自己和他人的边界。自从儿童和母亲分离，他就开始建立自我边界，不过因为儿童需要认同客体意象，学习别人等，边界并没有被强调。而到了青春期，自我人格要定型，对自我边界强化的要求也就格外迫切了。

在这个阶段，强化边界基本上是通过心理上对"异己"的拒绝来实现的。因此，青春期的人会刻意强调自己和父母的不同，和上一代的不同。实际上，这恰恰是因为他们曾经内化过父母和上一代，当我们内化了一个榜样之后，我们也需要把这个榜样中不适合自己的部分排斥出去。这个过程是一种否定："我这个地方不像他""我和他不一样"。在个体心理发展的过程中，这个"排斥"往往是在内化完成后才开始的。具体说，儿童在6~12岁主要是内化，而到了青春期，"排斥"过程才开始。正是因为这个原因，青春期才会有大量的叛逆和反抗，这些都是为了把内化了的父母的不适合自己的部分（不能消化的部分）"排斥"出去的过程。内化过程和这个"排斥"过程是不冲突的，经过内化才有"排斥"，经过"排斥"出不能消化的部分，内化中的其他部分才更稳固地成为主体的一部分。

不仅对内化进来的别人的某些东西要拒绝，即使是已经认同为自己的某些心理特质，青春期的人也可能要拒绝。所谓理想的自我，往往是对现有自我中某些部分的反向认同。一个弱小的人，理想自我却是强大的，这就是他不满意现有自我时，通过反向认同而对一个"不同于我的现状的我"的认同和内化。

经过这样的过程，自我就可以建构起来。

性别认同

青春期是性成熟期，人格中和性别认同有关的部分也在这个阶段最终建立。

人的多数印刻都是在人生早期完成，但是性的印刻却不然。虽然早期的儿童也会有性的感受，而且生活中也可能会遇到性游戏等刺激，并且带来性的早期印刻。但是，对性的感受力到了青春期会大大加强，因此这个时期发生的关于性的事件，对人的性的印刻作用是最大的。

因此，青春期最初的性刺激以什么形态出现，青少年就比较容易产生对这种形态的性活动的偏好。第一次性刺激是窥视性活动，他就会比较容易在窥视中性唤起；第一次性刺激是恋物，那么他就比较容易继续恋物；如果第一次性刺激来自同性，那也会增加他对同性的爱好。

伴随性刺激的其他心理活动，也会随之印刻到青少年的心中。如果第一次强烈的性刺激伴随的是美好的感受，他会对性有积极的态度。如果和性刺激伴随的是不好的感受，比如被猥亵甚至被强奸，他会对性有消极的态度，比如不洁感、自我羞耻感，等等。因为性的能量很强，所以青少年即使是对厌恶的性刺激也同样会有性唤起，这会给他们带来心理上的矛盾冲突。

在原始认知层面,性激发的是荣格所说的"阿尼玛""阿尼姆斯"原型,并形成代表性别特质的原始意象。这些原始意象会让青少年产生"爱情"的感受。爱情不是生理层面的性欲望,而是对异性在精神层面的爱慕。青春期性别认同建立,也就意味着一个人在自己身上和异性的精神特质告别了。认同男性,也就放弃了自己身上的女性化精神特质,反之亦然。这同时也意味着他们需要在外界寻找异性特质,并通过爱情和异性建立精神联系,从而补偿自己的缺失。如果他们能成功地得到爱情,就更容易稳定地认同自己的性别。也就是说,当一个男人爱上了一个女人,他自己就更具男子气。一个女人在爱上一个男人的时候,也是她最具有女人味的时候。如果没能实现爱情,他们的性别认同不会很完美。男人不能爱女人,就只好让自己有点像女人,反之亦然。

人生规划

在逻辑思维层面,我们会对自己的人生有一个规划或者设计。

我们会思考,自己想过什么样的人生。我们做计划,设计如何实现;我们会按照计划去做,试图实现这个规划。青少年的人生规划可能会有些夸大,他们会幻想自己更成功或更出色。这并非坏事,因为这种稍微夸大一点的规划会增强他的动力,给他奋斗的勇气。相反,如果人生规划过分实际,青少年反而会缺少朝气。

这个人生规划,未必和原始认知中的那个人生脚本一致。因为原始认知中的那个人生脚本常常处在潜意识中，人往往并不自知。

当人生规划和人生脚本不一致的时候，人生规划的力量往往远远小于人生脚本。因此，许多人会发现，自己做了很多规划、很多计划，但是实际上却没有按照自己所计划的去做，而我们的人生也并没有实现我们的计划。

在中国，对不少人来说，体现自己人生规划的一种重要方式是报大学志愿。报志愿，是规划自己人生方向的一个现实的表现。不幸的是，父母常常会强有力地干预子女的志愿选择。这在象征意义上说，就是剥夺子女的人生，让子女为父母而活。虽然父母常常自认为这么做是出于善意，但其结果几乎总是有害的。如果青少年服从了父母的意愿，可能会体会到非常大的挫败感，未来的人生发展也许会因此蒙尘。

中国当代青少年还有一个问题是，在应试教育中习惯了服从老师和社会的要求，以至于不知道自己需要什么，喜欢什么——这会让他们放弃自己的人生规划，其影响也是非常深远的。

未来的人格发展

未来的人格发展和年龄有密切联系，因为不同年龄遇到的人生问题不同：青年需要适应社会，并在社会中获得地位；恋爱和婚姻对人格发展很有影响；成为父母会带来转变，抚养下一代会对父母的人格带来影响；当发展到达了一个相对峰值的时候（一般是在中年），会对人的心理带来一些影响，从而遭遇所谓的"中年危机"；衰老一般会激发人对死亡的焦虑，这对人格的影响也是非常大的。

不过，未来人格发展和年龄的关系，不像青春期之前那么明显。比如，爱情固然一般发生在青年期，但是也有人在青年期并没有投入感情，反而在中年时才发生真正投入的爱情，从而带来深切的心理触动。有的人并没有生育子女，因此他的人格发展和那些有子女的人不尽相同。人也不一定要到衰老时才关注死亡，也许疾病会促使一个很年轻的人深入探索死亡的意义……

因此，我想转变一下写作方式，不再像前面那样以年龄为线，而是改为以人生问题为线，去探索这些问题对人格的影响。

成年后的现实化

最有趣也可以说最无奈的事情，是我们人生脚本的"自我实现"效应。在原始认知层面我们有一个人生脚本。我们根据人生脚本编写在心中的那个人生故事，最后总是会变成我们人生的现实。虽然细节随生活境遇不同，但是基本的故事主题往往不会离开人生脚本的模式。

人生脚本中有种种人物意象、关系意象、故事主题等，这些都是心理建构的假设性的存在，并非实体。但青春期后，一个人固定了自己的人格，这个脚本得到了我们的心灵强有力的认可。我们相信自己就是想象中的样子，我们也相信我们的意象以及关系意象是对外界事物相当准确的写照，我们也相信我们脚本中的故事主题会发生在真实的世界中。

因此，青春期后的人看世界、看自己生活中的事件时，会参照他们内心中的这些意象和故事来进行。

因为这些内在的心理结构已经被我们强有力地认可，因此，越到人生的后期，人往往越不会去调整、改变它们。青春期过后，人越来越少地进行深入的"现实检验"，当现实和我们的想象不一致的时候，人越来越多地会把现实"套进"原有的认知框架中去，哪怕是很牵强。我们不愿意改变自己的认知框架，是因为我们好不容易才把它构建起来，如果改变，可能会牵一发而动全身，迫使我们改变整个认知框架，那会让我们很害怕——我们也不愿意花费很多年的时间，像儿童一样重新建立对世界的认识。

当我们用内在的认知框架来套外界的时候，我们所看到的常常不是外界真实的样子，而是我们的想象投射上去的样子，而我们的行为也让外界变成我们所想象的那个样子。比如，我们内部有"可怜的孩子"和"暴君"这样一对意象，如果我们认同自己是"可怜的孩子",就很容易吸引外界的"暴君"欺负我们。或者,外人本来不是暴君,但是总看到我们的可怜样子,最后忍不住火气,变成了像暴君一样的人。于是,我们的脚本就在外界"自我实现"了。

有时,我们不喜欢的人生脚本也许太悲惨了或者太痛苦了,于是我们试图去改变这个脚本中的命运,但对一般人来说,这必定会失败。如果人生脚本雏形中的感受,在人生脚本的第一次现实化时,就被尝试改变,那一次他就会发现:从本质上这是没有用的。

例如,一个孩子为爱来到世界上。但是,在3岁前他就感受到自己不被爱——这也许是真的。3~6岁,"不被爱的自己"以几个意象的形态存储在心里,比如"可怜的乞丐小孩""愤怒的小孩""无家可归的小孩",等等。这些小孩和相关的客体意象结合,构成关系意象,并被编织到人生脚本中,形成故事的一部分。1~3岁,儿童初步区分人我,也能用"尝试-看结果"的方式学习,尝试做一些让别人更爱自己的举动——讨好大人,这会有点效果但是不能扭转内在的印刻。在3岁后,既然他能明确地区分人我,而且能用故事的方式想象不同的情节变化,他就会想象:如果自己用一些方法来争取爱,就可能会得到爱。如果他认为自己不被爱,是因为自己不够可爱,他会想办法做出可爱的表现;如果他认为自己不被爱,是因为自己没有给别人好处,他可能给出某些好处;如果他认为自己不被爱,是因为自己的性别不对,他也许会模仿另一性别的孩子……这些会有一点用处，但是都不可能改变内在的印刻。而那些如何争取被爱，虽有一定效果但终究是无用的体验，也以意象的形态编织入故事中，成为故事的一部分——命运如何不可抗拒的故事情节。

在以后的人生中，因为人会进一步现实化，也就是把原始认知中的故事在现实世界中转化为现实，那这个过程中，他也会运用故事中有的模式，试图在现实中得到爱。比如有的人会努力满足父母的愿望，考上大学，赚大钱给父母买房子，试图让父母爱自己，至少向父母证明自己是值得被爱的。如果父母重男轻女，女孩子也许会把自己变成一个"假小子"，让父母爱自己。如果父母觉得自己不漂亮，也许这个孩子会迷恋整容或者干脆去当演员……当然他的这种追求，可能会泛化，不只是对父母，也泛化到其他人。

在现实中，他有可能成功，也有可能失败。如果失败，他会痛苦地发现，他还是一个不被爱的人。如果成功，他也会发现自己是不被爱的人——因为在追求成功的过程中，他扭曲了自己：他去挣钱并不是自己喜欢，而是为了交换爱，所以那个被爱的"有钱人"并不是他自己；他整容了，那张被喜欢的脸并不是他自己的，而是美容师创造的。成功地获得爱恰恰证明了原来的自己不被爱，这还是失败。所以失败是他的宿命，当然这种宿命感也是他的宿命，往往在第一次现实化之后就存储于他的人生脚本中了。

有些人干脆想办法把自己置于"不成功也没有失败"的场景中，让自己总是离成功不远但是还没有成功，这样就可以暂时避免接触到"归根结底自己不被爱"的感觉，在这种情况下度过一生，这样他不会失望，但是也不可能感到满足。

恋爱、做父母的影响

在生活的自然事件中，恋爱、做父母这两件事会深远地影响我们的性格、自我意象和命运。

恋爱之所以有这样的用处，是因为这个关系中加入了一个新人。这个新人有不同于我们过去生活中的人的性格，他的人生脚本中有我们的脚本中所没有的一些新模式，因此，他可能会给我们的生活带来"真正的变化"，也就是说，他可能让我们一定程度上脱离旧的人生脚本，创造新的自我成分。

其他的关系比较难产生这样的影响。因为别的关系很难这样深入地介入我们的内心。同事往往是泛泛之交，大家虽然有很多互动，但是不大会触及内心的最深处。朋友固然会交心，但是我们选择朋友时，往往根据现有的心态去选择，所以朋友大多会支持我们现有的心态。那些和我们现有心态不一致的朋友，我们就会觉得"说不到一块去"，逐渐与之疏远，所以对我们很难产生影响。恋爱中，如果我们不是很投入，只是为了满足性的需要或者其他需要而找一个异性，那么这样的恋爱对我们的性格、我们的自我意象和我们的命运也不会有什么影响。

　　当然，投入恋爱的时候，我们也会选择那些和我们内心接近的人。这样我们才会和对方有共鸣，所以从总体上看，恋爱也并不是要挑战我们原来的自我意象和人生脚本。但是，不论如何相似，两个来自不同家庭的人总是会有一些差异，看世界的方式总是有些不同，这些不同总会带来一些冲突。投入地恋爱时，即使我们发现了一些冲突，也不会轻易放弃这个关系，而是为了双方的协调，很不情愿地调整自己。这个时候，我们就有了一个改变自我意象和人生脚本的机会。

　　这个调整过程是很痛苦的，因为人害怕改变，害怕失去那些也许会让我们痛苦但是至少让我们有所依赖的人生脚本。但是，如果你投入地爱一个人，可能会愿意为他冒险一试，这样在痛苦中的冒险一试，就给了人改变的机会。人类社会之所以高度赞许真心的爱，这也是原因之一。但如果你爱的人所处的环境，和你原来的生存环境太相似，你们原来的模式太相似，就没有这样的作用。这可能也就是人类社会反对乱伦行为的原因之一。

　　爱情，可以把你变成一个新人，给你一个改变自己的机会。但是，爱情是不是把你变成一个更好的新人，这并不一定。爱情会给你一个改变的机会，但如果你爱的人心理变态、性格邪恶，那你变坏的可能性更大。所以，我们最好还是去爱那些心理健康美好的人。

做父母是另一个机会，也许是更好的机会。首先，父母和新生的孩子之间有天然的共情，只要父母的"心的镜子"没有太多污染，他们都可以感受到孩子的感受。孩子是自己的骨肉，天然容易投入感情，而且孩子终身不能更换，所以也不会像朋友甚至恋人一样不合了就分手。

新生儿还没有被你的人生脚本影响之前，他对各种可能性都是开放的。他有一定自由选择他看世界的方式，所以一定也会和父母有差异。这是启发父母，让他们换一个视角去看那些自己以为是理所当然的事情。如果父母的心贴近孩子，那么他们可以伴随着新生儿成长的过程，让自己跟着重新成长一次。仿佛自己变回孩子，重新长成成人。而且，照顾孩子天经地义，父母们也因此从工作和其他义务中抽身，和孩子一起经历成长。

什么样的父母得不到这个机会呢？爱孩子不够多的父母得不到，因为他们投入度低，不会触及他们的内在自我。专制的父母得不到，因为他们把自己已有的模式、已有的世界观强加给孩子，他们的孩子很快就被他们复制成了和他们自己类似的人，他们也就不会在孩子身上发现任何新的东西了。这样的孩子当然也不可能启发父母什么。

还有其他一些情况下，我们也可能受到一定的影响。比如很好的朋友、你所信任的老师都可能影响你。

死 亡

死亡临近的时刻,也是对人格影响比较大的时刻。

正常情况下,我们到了老年,就开始越来越多地想到死亡。个别时候,比如得了重病,我们可能在年纪不大的时候就被迫面对死亡。

这个时候死神原型会被强烈激发,死亡恐惧难以回避。我们不得不直面"人必有一死"这个事实。有些人在这个时候,会竭尽全力去避免面对死亡,用自己可以用的所有方法来减少死亡恐惧。比如有的人会纵情声色,有的人会拼命抓钱或者抓住权力,有些人会通过伤害别人来转嫁死亡恐惧……死神原型的消极面因此而显现,使得人格中的所有缺陷都得以现身。

如果一个人勇敢地面对死神原型,也就是说,内心真正承认"人必有一死",而且死亡已经临近自己。那么,死亡临近所带来的影响,是让人从一些枝节问题中脱身,去面对最基本的人生问题。这时死神原型显现其积极意义,如同园丁手中修剪枝条的剪子,它可以剪掉生命中不重要的东西,让我们回到生命的主干。死神原型可以让我们更容易去舍弃,而没有死神原型影响的时候,我们难以舍弃任何东西。

感觉死亡距离自己还远的时候,我们比较容易关注枝节问题。我们总是在创造条件,让自己有条件之后再面对真正的人生。

我们潜意识中用这样的方式，去逃避让我们焦虑的事情。但是，死亡临近时我们就意识到我们不能再逃避下去了，因为不再有机会。

人的基本问题是什么呢？那就是："我是为什么活这一生？"在面临死亡时，人会问的问题是："这一生中，我是不是得到了我想要的？"

如果他能够给这两个问题比较好的回答，他知道自己的人生意义，也发现自己比较好地满足了自己的基本心愿，那他对死亡的恐惧就会比较少。

如果他发现自己迷失了，一生中追求的那些东西，都只是一些自以为有用的条件。而这些条件也许自己根本没有得到，或者得到了也并没有像自己以为的那样有用。他发现自己想在这一生中满足的心愿并没有得到满足，此时他就有两种选择：或者，在死前的短短时间里，勇敢地从头开始，改弦更张，换个方式去生活。或者，放弃追求，让自己在失望中死去。前者会激发人格的大改变，重新看世界，重新寻找自己的方向，编写新的人生脚本（虽然这个脚本中，他只能活很短时间），然后，他会尝试新的生活方式。这样的人，等于重新获得了一次人生，虽然短但是全新。他或者更成功，或者依旧失败。

最后，死亡把我们的一切抹去，只留下一生的印记，使集体潜意识中的某些原型力量加强一下。

解放之路

本书重点在于描述人格的形成发展过程,而不是讲如何改进人格,因此我不打算展开这方面的内容。

不过,如果仅仅这样写完这本书,读者只怕会有很失望的感觉。他只会看到我们如何被种种影响因素所控,被塑造成某一个样子。他只会看到人,看不到世界和自我,只看到自己有色眼镜中的世界和自己的样子。他只会发现,人不管多么用力地挣扎,还是被命运的锁链牢牢捆绑着,无法挣脱。

但实际上,人是有机会离开这样的"宿命"的。人有可能改变自己,不仅仅改变命运的细枝末节,也改变最深层次的人生脚本。但不是用通常的方式,通常的行为方式是没有能力改变人生脚本的。

要想真正改变有一个前提,一个人能真正在心理上"回到"人发展的早期阶段,直接重新感受到早期的印刻。如果没有回到那里,就不可能改变那里。因此,所有那些在逻辑思维层面进行的心理调节,不论多么精密,都不可能改变人生脚本。只有那些"深层心理学"才可能有用。当然,有些宗教的修行方法也足够深入,因此也可能有用。那些在原始认知层面工作的心理调节,可以让我们看到人生脚本是如何构建的,可以使我们有能力转变人生脚本,但是不足以改变早期印刻所带来的基本感受。因此,意象对话的高级阶段，我们会使用一些方法，让我们以意象为起点，回到更早的认知系统中，那些方法才可能有用。

回到早期阶段后，我们必须在有觉知的情况下，在三种认知水平（感觉运动水平、原始认知水平和逻辑思维水平）上重新建构整个认知系统，重新建构自我感受、自我意象和自我概念，重新建构人生脚本并以此为根据做人生规划，我们才会彻底地转变。

这当然很不容易，很少有人能做到，但这条路是通的。

人格分类

严格说起来，人格是不能相互比较的。每个人构筑人格的基本组块都是不同的，构建方式也是不同的。做任何分类都是粗暴的，并且使我们对人的理解更为不精确。想了解人格，最好的方法不是做分类，而是勾画出这个人意象中的各个自我意象和客体意象的关系，也就是"人格意象分解"技术。

但是，从应用的目的来说，人们需要对人格做一些分类，用这种分类的结果指导我们的行动。因为，日常生活中我们需要和别人打交道，而且日常生活中我们没有时间也没有足够的资源去深入地了解别人，也没有办法做人格意象分解。我们必须在对别人了解不充分的情况下，决定我们如何和这个人互动。这种情况下，我们就需要一个分类。有了分类，我们不需要一一学习和每个具体的人如何互动，只需学习如何对待某一类别的人就可以了。这样固然不够细致，但是省事，而且一般来说粗略地知道和一个人互动的基本方式，大体上也足够了。

正是在这个意义上，才需要对人格进行分类。人格分类不是"真实的"实体化的东西，只是为了我们方便的一个工具而已。因此，心理学上那些不同的分类，如艾森克的EPQ、卡特尔的16PF、大五人格理论、荣格的分类理论，以及通俗心理学家的九型人格，都不过是一些工具，没有哪个是"真理"，没有哪个分类比别的方法更符合人格的"真相"，只是看哪个拟合度比较好又简单，在生活中好用。如果我是高血压药物的销售员，对我有用的就是"A型人格和B型人格"分类，因为前者更容易得高血压而后者不容易得这个病，大五人格理论对我并不重要。假如我是魔术师，可能我需要的人格测验，就是"易受暗示型和不易受暗示型"的分类，或者"场依存型和场独立型"的分类，而不需要知道他们的 16PF 的分值。当然，如果我长期和某个人交往，也许我需要一个更全面的分类，从而对那个人了解得更细致一点，这个时候我们就需要一个涉及人的更多方面的分类体系，大五人格理论或许就更有用一些。我自己觉得这个时候，还是人格意象分解好，它全面、信息量非常大。不过，这不是本书的重点。这里就不多展开了。

从心理咨询师的角度看，人格可以分为健康人格和不健康人格。大体上，所谓健康人格是给自己和别人带来满足感较多的人格，同时也是内在和外在冲突少的人格——因为冲突必定导致冲突双方不能被同时满足，所以满足一定会更少。

出于更简便地理解来访者的需要，心理咨询师还可以使用其他一些分类，比如内倾、外倾分类，还有就是对适应不良的人格的分类。下面我对这些分类做简单的梳理。这里不对那些人格类别作详细讲解，只大略地把这些不同人格类型的某些特点作相互比较。

内倾和外倾

内倾和外倾，或者我们日常语言中所说的内向或外向，代表着一种可以被观察到的人格区别。一般来说，内倾的人更喜欢安静，喜欢享受一定程度的孤独，相对更加敏感，等等。而外倾的人则喜欢交往，不太能忍受孤独。早期荣格比较关注这个区分（也许因为他是生活在外倾社会中的极端内倾者），而现在这个概念已经非常普及。根据荣格的观点，其实区分内倾或外倾应该主要看他们的心理能量投注于内还是外，而不是根据他们的行为方式。一个人做了很多社交活动，但是他实际上最关切的并非人际活动，而是自己的内心，他还是一个内倾者。相反，一个人虽然很害怕社会交往所以很少去社交，但是如果他在内心中渴望着人际交往，那他还是一个外倾者。

在本书中，我们也同意内倾或外倾取决于心的趋向，而可观察的行为表现只是其结果。内倾者和外倾者，其心的趋向有什么区别呢？最根本的区别在于：内倾的人，通过觉察自己的心理活动来证实自己存在；外倾的人，通过看到别人对自己的反应来证实自己存在。前者像是在看自己的身体，后者像是要通过镜子来看自己的身体，其他的人就仿佛是他的镜子。

为什么有些人会相对内倾，另一些人却相对外倾呢？从最根本上来说，也许这是一个自由选择的结果，或者是最早的某个机缘的结果。有的人在生命早期的某个时刻，突然从某个体验中感到了自己的存在，而这个体验是内部发生的，他可能就比较容易成为内倾者；如果这个体验是外部某个人带来的，他可能就比较容易成为外倾者。这个体验什么时候发生，本质上是不可控的，但外界也会在一定程度上对它有影响。比如一个养育者经常和婴儿互动，总是对他有反应，那很有可能孩子的第一次存在体验就是和养育者有关联的。

也有可能，敏感度比较高的孩子，更容易成为内倾者。因为敏感，所以不需要外界有什么反应，他就已经从自己的感受中得到了自我的存在感。而敏感度比较低的孩子，则比较容易成为外倾者，因为他们对自己的感受不够敏感，所以只有外界给出更有力的反馈的时候，他们才能找到自己的存在感。

内倾和外倾，从本质上来说，没有哪一个更加健康，它们只不过存在区别。但是，它们对心理健康会有不同的影响，会有各自的利弊。内倾的优点是，受外界的影响比较小，有更少的依赖性和更多的自主性，在他人心理不健康的时候受到的消极影响比较小。外倾的优点是，更容易获得外界的帮助，在现实生活中一般比内倾者更容易成功，特别是当今的社会从根本上来说是商业化社会，比较适合外倾者生存。

自恋型人格

简单说来，所谓自恋型的人格，是一种只关心自己而不知道关注别人的人格。自恋型人格者感觉自己是最重要的，而且对自己有一种夸大的认知，认为自己是不一般的人，理所当然应该得到特殊的优待。自恋型人格者的"自我"和"外界"之间并没有真正的分化，他们的人格停滞于人生的第一年，甚至只是第一年的前半年的状态。

自恋型人格者有过心想事成的体验，但是他发现这种体验是不持续的，不可保证的。心想事成带来的是积极的感受，甚至激发了他的上帝原型，这使得这些人有一些创造力。但是，人生不可避免的是：每个人最终都会发现自己不可能总是心想事成，总有一天挫折会出现。而当人们学会面对挫折的时候，人格就开始发展。自恋型人格者，是那些顽强地拒绝面对挫折的人。虽然，现实已经在不断告诉他"你不能总是心想事成"，但是他不肯接受这个现实，坚持"世界应该按照我的意愿存在"。这种对现实的拒绝和否定，会因魔鬼原型的激发而更有力量。魔鬼有一种反抗意志——"我要世界按照我的愿望存在，我要我是世界中心，我要心想事成，我就是能心想事成"。上帝原型的存在，恰恰帮助了魔鬼原型的发展，因为曾经感觉自己像上帝，为什么不能像上帝一样？这种顽固地要做上帝的意志，就是魔鬼原型的意志。

我们不能说什么样的情况下就必定产生自恋型人格，一个人形成什么样的人格有其意志的作用。但是，有些条件下比较容易出现自恋型人格或者说会增加自恋型人格出现的概率。一种情况就是儿童过早地面对挫折性的现实，这时他们还不够强大，无力面对挫折，只能绝望地坚持那种自恋的幻想。另一种情况就是儿童过晚才面对挫折性的现实（往往是因为家中养育者保护过多或者溺爱），致使他们习惯了自我中心，不理解为什么不再能那样，因此就坚持自恋。

自恋型人格者实际上一直活在几个月大的心理年龄中，在他们心中，整个世界中只有他。他虽然也感觉有外界，但是他们所看到的外界其实只是他们内心的投射而已，并非看到真正的外界。特别是他们实际上是不懂得他人的心理的，因为他们并没有在心中构建关于具体他人的较为准确的心理意象。他人在他的想象中，只是一种背景——"如果我凯旋，街道上就应该有很多人欢呼，这些欢呼者并不需要有自己的生活，他们存在的全部意义就在于欢呼"。所以典型的自恋型人格者应该不存在人际关系，因为他的世界中只有自己是人，别人实际上并不能算是人。这并不是他轻视别人，不把别人当人看；轻视别人是指把心中的人贬低为非人，而自恋型人格者则从来不知道这个世界除了自己还真的有人。这种描述，听起来很是匪夷所思，但如果你身边有一个自恋型人格者，你就会发现这个描述是准确的。

自恋型人格者对自己和自己的"能力"的感觉是矛盾的。在意识层，他们有一种优越感："我无所不能""我好"。但在潜意识中却觉得自己"一无所能"，活得很不好。"无所不能"是他们坚持要的那种感觉，上帝一样的感觉；"一无所能"则是挫折所带来的感觉。他们不能忍受不好的感觉，就是因为魔鬼原型要的是"全部"，如果得不到"全好"，那么所得到的就被看作完全的"不好"。

虽然自恋型人格者努力保持无所不能感，但是在现实中，他们实际上很容易失败。因为他们不懂得别人，所以没有办法和别人好好互动，也没有办法影响别人，因此时时会感到失败，感到孤独。

自恋型人格者很喜欢幻想，幻想可以让他离开现实，在幻想世界中他还真的可以心想事成。

边缘型人格

边缘型人格表现为情绪不稳定，内心感到空虚，并且人际关系有问题。边缘型人格的人，自我和他人之间有分化，但边界是非常不稳定、不清晰和不牢固的。

之所以边界会不稳定，也许是因为这类人早期遭遇过严重的无常，比如早期离开母亲所带来的那种爱的得而复失。如果他们的生活中没有严重的无常，一切的事情都是相对可预期的，那么他们就可以得到一个"我是什么样""别人是什么样"的信念，但是如果严重的无常发生，他们就会感到"很难得到一个可靠的结论"，因此他们就会缺乏一种根本的"信"。他们的基本信念是，这个世界不可信，他人不可信，自己也不可信。这样，他们的边界当然就无法稳定。

边缘型人格者实际是注重人际关系的，但是他们没有办法建立起好的人际关系，相反他们的行为常常会破坏人际关系、伤害身边的人。边缘型人格者常常会突然爆发出强烈的消极情绪，如果这种情绪释放出来，别人就会感到难以忍受；如果他掩藏这个情绪，就会驱使自己暗地里伤害别人。

为什么他们会这样不开心呢？

一个原因是，失去存在感所带来的那种痛苦，变成了各种各样的消极情绪，变成了愤怒、嫉妒和仇恨，等等。他们也许已经初步建立了关系，别人对他们的反馈，使他们感到了自我的存在。而别人突然消失（比如父母离开孩子，或者父母去世），则让自我的存在感也消失，而且因为他们已经建立了从别人那里获得存在感的模式，不大容易转化为用别的方式来获得存在感，于是他们有一种内在的强烈的"空虚"感受，也就是"不存在感"。空虚感或者说不存在感，不是没有存在感，而是有一种"已有过的存在感被夺走"的丧失性感觉。这种丧失让他们非常愤怒，对别人的存在感非常嫉妒，有一种长久的仇恨。我们可以想象一下：曾有过女朋友或者男朋友，但是被夺走，那种心情和从来没有恋爱过的人的心情是多么不同。

边缘型人格者的这种恨和嫉妒，如果我们能感受到，会给我们带来强烈的触动。

边缘型人格者的消极情绪，还和他们的边界脆弱有关。就仿佛一个皮肤上有伤口的人，别人稍微碰他一下他都会感到疼痛。而他们又没有明确的边界，致使别人也很难知道怎么避免碰到他们的伤口。当别人碰到了他们的边界，他们就会感到被侵犯，于是便会暴怒。但是他们对侵犯别人的边界没有内疚感，因为他们的边界是时常变动的，当他们侵犯别人边界的时候，他们根据自己变动的边界感，会觉得自己并没有侵犯别人，而是在自己的边界中活动。

边缘型人格者知道有别人存在，他们会学习和练习如何控制别人。经过长期练习，他们会掌握一些技巧，从而产生自信——"我可以用手段逼着别人给我我所想要的"。但是他们对自我管理没有信心——"我管不住自己"。为什么控制别人比控制自己还容易呢？因为别人是边界更稳定的，所以更有可预期性，什么时候会高兴什么时候会不高兴有其规律；自己是不稳定的，说不定什么时候会怎么样，所以对自己更难控制。

边缘型人格者对控制自己越无能，就越需要学习控制别人，控制别人的技巧也就越娴熟。他们需要控制别人，只有这样他们才能获得一种控制感，从而获得一些安全感。他们会通过控制别人的欲望和需要来控制别人，引导趋避，诱惑别人或威胁别人。他们会侵入别人的空间，或把别人"吸进来"。

如果把他们的心比作房子，那么这个房子的墙是破的，或者有关不上的门，这个房子的地基是不稳的。恶巫婆是这种人格的常见象征形象，他们对别人来说，的确是危险的。

反社会人格

反社会人格是一种完全自我中心、对别人没有同情心的危险人格。反社会人格者会欺骗和利用别人，甚至不在乎用犯罪手段来获得利益。

反社会人格者已经完成了自我和外界的分化，知道我是我，别人是别人，但不相信人和人之间的爱，对别人非常轻视。他们和自恋型人格有个地方比较相似，就是都觉得自己是世界的中心。但是和自恋型人格不同的是，他们知道世界上是有别人的，而且别人不是按照自己的意志存在的。

健康人通过和别人分享自我感而接受别人的存在，比如，我知道了爸爸妈妈不是我，他们有他们自己的意志，有时候和我的不一样。这的确也让我不舒服，比如我说要买玩具的时候，妈妈有钱却不肯买。这个时候我很气愤，但是由于爸爸妈妈总的来说对我挺好，最后我只好接受了他们不够完美的这个现实。健康儿童感到父母在一定程度上也是自我，因此，他们的自恋能量可以投注到父母身上，从而对父母有爱的感情；这种过程后来还可以发生在朋友身上。最终，健康儿童可以区别人我，又可以有爱，所以他们的行为不会只顾自己而不管别人死活。

但反社会人格者不同，他们知道别人存在，但是不会对别人分享自我感，也就是感觉"你死你活与我无关"。用通俗的话说，就是反社会人格者完全不懂得爱。如果别人的存在对他们有利，他们为自己高兴；如果别人的存在对他们不利，他们对别人发怒。

反社会人格者对控制别人有信心。没有爱，所以他们做事可以没有底线，和有底线的人比较，他们更容易成功。反社会人格者对控制自己也有信心，他们有能力不让自己的情绪影响自己的行为。他们可以不感情用事，可以精密计算并且按照计划行事，因此他们的行为常常会很有效果。他们用控制别人的方式来满足自己，并且常常成功地达到这个目标。

有些自恋型人格者可以转化为反社会人格者，当他们终于被迫承认别人的存在，以及别人有独特意志时，他们对此很愤怒。这种自恋暴怒转化为对世界的敌意，感觉全世界都是坏的。这些由自恋转化来的反社会人格者非常善于欺骗，因为他们以前是自恋型人格时自我欺骗很多——以前骗自己，现在骗别人。

反社会人格的形成，有些是因为身边有人残忍地对待他们，导致他们无法和别人分享自我感。但有些反社会人格者周围的人并不曾残忍地对待他们，只是因为他们自己没能成功完成分享自我感这一过程。

轻微的反社会人格倾向，反而容易成为一个人在社会上获得成就和地位的有利条件。因为他们会利用人，他们冷静，他们懂得获得自己的利益，甚至可能更容易成为政治或商业领袖。不幸的是，他们往往比较独裁或自私，因为他们不关心别人的利益。严重的反社会人格者，也许会成为冷酷的罪犯，或者会"窃国者侯"。

抑郁型人格

抑郁型人格的人,其心态的底色是灰暗的。他们很容易沉入抑郁情绪中。

在某一方面,抑郁型人格和边缘型人格正好相反:边缘型人格者对控制别人有信心,但是对控制自己无信心;抑郁型人格者对控制别人没有信心,却对控制自己的欲望和需求很有信心。

当然,我们说控制自己或别人,就说明他们的内外分化了。抑郁型人格者和别人之间的边界是很清楚的,甚至可以说太清楚了,或者可以说过于稳定不变,缺少适度的弹性。

抑郁型人格形成的原因,常是在出生前或者新生儿时期遭遇冷漠或虐待,从而让他们形成了一个"失败"的人生脚本。

他们对外界没有信心,内心深处认为世界和他人不会支持自己,不会给自己需要的东西。对自己,他们没有成功的信心,也没有自我调整的信心,但是他们有"压抑自己"的信心。这一点,他们和边缘型人格者刚好相反:边缘性人格者是"我不想管束自己,我也管不住自己";抑郁型人格者是"我可以克制自己"。如果他们偶然发现自己管束自己有所失败,就不惜用极端的惩罚手段对待自己。

因为"他人"总是有害的,或者迫害自己,或者冷漠无情,或者想帮助自己却用错方式，所以抑郁型人格者是自我封闭的。因为心理上自我封闭，他们也无法从别人那里得到真正有效的帮助。

抑郁型人格者和自恋型人格者都没有真正的人际关系，但是原因不同：自恋型人格者在自己的空间中生活，不知道世界上还有别人；抑郁型人格者知道有别人，但是关上了心门，把别人关在门外。

抑郁型人格者实际上也是自我中心，但是他们的自我中心并不表现为掠夺他人利益来养自己，因为他们不认为自己有那个能力。因此，相对于自恋型人格者以及反社会人格者来说，他们在自我效能感上是比较弱的。

正是因为弱小感，所以他们会在许多行为上对别人让步，也正是因为如此，他们在某些更深的层面就更不愿意让步，因为他们必须保护自己最后的自我意志。一个抑郁者最终想要自杀的时候，为什么会顽强地抵御任何想要帮助他活下去的努力呢？因为这是他最后的一点自我意志。

还有，他们常常会有一种潜藏的自我道德优越感，因为他们没有能力自信，所以必须用道德优越感来补偿："你们更强大，但我更善良。"

强迫型人格

强迫型人格表现出的特点是：追求完美或不出错，谨小慎微，故步自封，等等。

强迫型人格者通过控制"我"来适应世界。这种人格形成于1岁多的时候，儿童开始有了"我"的建构，也开始有能力去通过符号化来认识和管理内部和外部的事件。他们的"我"和"世界"有更精细的分化。

他们试图让"我"和"世界"都更好。他们认为要达到这个目标，需要更好的自我控制，以及对外部世界的控制。对外部世界中的物质世界控制相对比较容易，因此他们会更多地控制物质世界。对外部世界中的人比较难以控制，他们试图靠"不犯错误"来避免人际交往中的消极后果。

他们的认知已经不再是"全或无"。他们知道自我、外部的环境和他人都有好有坏，所以会有冲突出现，他们试图靠控制来消除这个冲突。但他们还是有绝对化的方面，那就是希望自己做的事情"完全对"。

他们对调控自己有一定信心，对调控世界也有一定信心。因此，强迫型人格是有一定建设性的。他们的问题是恐惧，即使实际上已经成年，但是在内心中还是"害怕出错的孩子"。他们不能耐受小的错误，因为他们担心小的错误会带来大的危险。他们希望完全做对事情，希望世界因此变得安全。他们不能接纳一个现实，那就是别人不是完全可控的，环境不是完全可控的，自己也不是完全可控的。边缘型人格者对控制自己没有信心，抑郁型人格者对控制自己有信心，而强迫型人格者则是："我感觉我已经可以自控了，但是我要求能更好地自控；我发现更好的自控是不可能的，但是我努力要求自己必须得到更好的自控。"

实际上他们所恐惧的，多数时候与其说是外界的危险，不如说是内在的担忧。他们害怕这个有控制力的自我崩溃，从而回到曾经的那种无力自我控制的状态。他们害怕的是边缘型人格的那种"自己管不住自己"。当他们害怕的东西的确是外界的危险时，他们的策略是：通过努力把可控的部分控制好，盼望着其他部分也可以因此而更好。

癔症型或表演型人格

癔症型或表演型人格者，表现得比较虚荣、夸张和不真实。

这些表演型人格者也是完成了人我之间的分化，他们知道世界上有其他人，其他人有他们自己的意志。

和强迫型人格者一样，他们寻求控制感。不同的是，他们的控制能力比强迫型人格者更强。他们对自己有信心，认为自己有改变外界的能力、影响他人的能力。他们对别人有一定程度的信心，认为他人可以给自己一些感情滋养。

控制自然界比控制人更容易，强迫型人格者擅长控制自然界，而表演型人格者擅长控制人。他们不够健康的地方是他们对"无条件的爱"没有信心，因此他们不能坦然地做自己，不相信做自己也可以得到无条件的爱，所以他们会去控制别人。表演，也就是社会心理学中所说的"印象控制"，目标是给别人留下某种印象，使别人据此做某种行为，从而让自己获得利益。

他们寻求被爱，不过他们要用一定程度的欺骗来获得这个爱。表演型人格者往往是外倾的，更需要关系。他们是用表演来获得爱和资源，并没有让真正的自我表现出来，因此不相信真正的自我也是会被爱的。他们会一直有爱的不满足感。

分裂型人格

分裂型人格者，不自信，胆子小，怕交往，活在自己的幻想世界中，分不清自己和外界的边界。这些人外在的表现是比较孤僻和退缩的，有时他们会有一些幻觉，有时也会有一些奇思妙想。他们心里有一个想象的世界，想象世界和真实世界之间并没有真正的分化开。

分裂型人格者的未分化，可能是因为在早期分化应当发生的时候，因胆子小而没有勇敢地在现实世界中行动，所以没能完成分化过程。于是他们用幻想建构了一个心理世界而活在其中。

分裂型人格者和自恋型人格者的区别在于：自恋型人格者在

想象的世界中想象自己是强者,而分裂型人格者则在想象的世界中也想象自己是弱者,或者是容易被伤害、被威胁的人。

自恋型人格者不够敏感,所以他们可以活在自己的想象中,认为世界就是这个样子的。分裂型人格者更加敏感,他们能感觉到外部世界实际的影响。他们的心的大门关不上,因此随时有被侵犯的感觉。他们会有房子被侵入的感觉,会感觉有外星人存在,会感觉自己被洞悉,等等。

自恋型人格者不怕世界关注。他们的生活和社会没有太大关系,他们允许自己我行我素,在别人眼中就有可能脾气古怪、奇装异服等,因为他们不关注别人。他们之所以不怕别人,是因为在头脑中他们固然知道这个世界有几十亿人,但是在心的深处他们不把那些人当作和自己一样的人。分裂型人格者也不能建立边界清晰的"我"和"别人",但是他们能感觉到一种外来的力量,这种力量随时可以侵入,令他们感到恐惧。

如果我们把分裂型人格者和强迫型人格者相比,强迫型人格者的分化显然更好,强迫型人格者也有更好的自我效能感;如果把分裂型人格者和抑郁型人格者相比,抑郁型人格者更能自律,这方面的效能感也更好。因此分裂型人格者比他们都更焦虑。

偏执型人格

偏执型人格者的自我和别人之间有分化，不过由于自恋，他们认为自己总是好，而世界以及世界上的别人都是坏的。

他们猜疑，实际上是因为根本的信念："别人坏。"既然别人坏，他们肯定是想要害"我"的，所以"我"一定要保持警惕。有意思的是，如果偏执型人格者遇到反社会人格者，偏执型人格者比一般人会更安全一点，因为他们有足够的防人之心。一般人没有发现什么端倪的时候，都是先把别人当好人或者至少当作没什么危险的人，而偏执型人格者会先认为别人是坏人。

他们和反社会人格者有什么不同呢？不同在于他们认为自己是清白的好人，所以他们不会像反社会人格者那样没有底线地做坏事。在情绪基调上，他们有一种愤怒感："我这么好，你们却那么坏。"而反社会人格者是没有这种情绪的，反社会人格者的情绪是一种骄傲："我玩死你们，你们也不知道是怎么死的。"虽然偏执型人格者自诩为好人，但是有时他们也会做出对别人很有危害的事情。他们内心是不需要内疚的，他们会觉得自己被迫自卫反击，是对方先做了对不起自己的事情，所以自己不论怎么伤害对方，都是对方罪有应得。

他们常觉得不被别人理解："我是一个被冤枉的人，外界是冤枉我的，我要和他们争个公道。"他们觉得自己很好，但是别人认为他们不好。从别人的角度看，这些人经常会对别人有攻击，当然不是很好了。但是从另外一个角度看，他们如此不喜欢别人，却并没有像反社会人格者那样害人，也的确是很有"操守"了。

偏执型人格者对别人的任何敌意表现都非常敏感，对别人的爱、善意却可以说完全没有感觉。这就是他们那种"别人坏"的先入之见所带来的影响。他们对这个信念非常坚持，即使现实中有很明显的反证，也很难扭转他们的看法。因为他们总是把别人的善意解读为恶意，别人可能会被激怒转而攻击他们，而这就会让他们更相信别人从一开始就不怀好意。

偏执型人格者骨子里效能感其实是比较差的，他们会感受到不成功带来的沮丧，但是他们不甘心、不服输，也不愿意承认自己无能，所以会把失败归因为别人的迫害，这又加强了他们对别人的愤怒和敌意。

冲动型人格

冲动型人格的人行为冲动，不能控制自己。在这一点上，他们实际上是强迫型人格的反面。

冲动实际上是因为不愿意忍受焦虑，选择的焦虑、等待的焦虑、克制的焦虑等；想都不想就去行动，就（暂时）不会焦虑了，缺点是这样的行动很可能是不适当的，会带来破坏性的后果。

我们可以把冲动型人格和边缘型人格和反社会人格作一些比

较。如果我们把自律比喻为一个"金箍",那么在"金箍"上这三种人格的区别是:反社会人格者完全没有爱,潜意识层不和世界立约,所以反社会人格者头上没有金箍;边缘型人格者认为爱是靠不住的,所以立约也不好好守约,也不自律,头上的金箍就像帽子一样可以戴上也可以摘下来;冲动型人格者被爱过,也想立约,但是他们自控力很差,守不住约,可以说他们头上的金箍不结实。

而其他那些自律过度的人格,则是不同的情况。强迫型人格者有一个非常结实的金箍,牢牢戴在头上。而抑郁型人格者则可以说是把这个金箍套在了脖子上。

人格崩溃的反应

除了内倾、外倾是正常的人格类别,上面所说的其他各种人格都有一些不健康。人格不健康的程度比较低时,还是可以保持基本正常的生活,但是会多多少少给自己或别人带来痛苦。如果人格不健康的程度比较高,我们称之为心理障碍,带来的痛苦会比较大,迫切需要被处理。如果人格障碍越来越严重,就有可能崩溃,甚至走向严重的精神障碍,比如精神分裂症、偏执性精神病、抑郁性精神病,等等。

偏执型人格,恶化后是偏执性人格障碍,与偏执性精神病在病理上有共性。偏执性精神病也是对外界有消极的信念。不过,由于人格崩解，偏执性精神病心理世界中的迫害者，也许并不是以"人"的形象出现，或者并不是以日常生活逻辑来行动。偏执性精神病的病理表现还有被害妄想，这实际上就是偏执型人格者觉得"别人是坏的"那种信念的自然发展。

抑郁型人格恶化后成为抑郁性人格障碍，更严重则是抑郁性精神病，表现上也是一脉相承。区别是当成为抑郁性精神病后，心理世界中的迫害者也不一定是人，而且也会出现被害妄想。偏执性精神病和抑郁性精神病的区别是，前者会坚持反抗幻想中的敌人，而后者则会忍受被迫害的命运。

边缘型人格恶化为边缘性人格障碍后，就可能有一些接近妄想的先占观念。如果转化为精神分裂症也是有被害妄想，但和抑郁性精神病的区别是：后者忍受被害而前者会反击；和偏执性精神病的区别是，后者的妄想内容是稳定的。

自恋型人格更严重的表现是自恋性人格障碍，如果失去现实感则可能发展为精神分裂症，症状以夸大妄想、钟情妄想等为主，也会有被害妄想，但是被害妄想往往和夸大妄想相结合："我是流落民间的王子，篡位者派人来追杀我。"